FEIXIANG TAIKONG CONGSHU

飞向太空丛书

太空科学站：形形色色的卫星

本书编写组◎编

世界图书出版公司

广州 · 上海 · 西安 · 北京

图书在版编目（CIP）数据

太空科学站：形形色色的卫星／《太空科学站：形形色色的卫星》编写组编．—广州：广东世界图书出版公司，2010．8　(2021.11 重印)

ISBN 978－7－5100－2611－9

Ⅰ．①太…　Ⅱ．①太…　Ⅲ．①人造卫星－普及读物　Ⅳ．①V423．4－49

中国版本图书馆 CIP 数据核字（2010）第 160327 号

书　　名	太空科学站：形形色色的卫星 TAI KONG KE XUE ZHAN XING XING SE SE DE WEI XING
编　　者	《飞向太空丛书》编委会
责任编辑	冯彦庄
装帧设计	三棵树设计工作组
责任技编	刘上锦　余坤泽
出版发行	世界图书出版有限公司　世界图书出版广东有限公司
地　　址	广州市海珠区新港西路大江冲 25 号
邮　　编	510300
电　　话	020-84451969　84453623
网　　址	http://www.gdst.com.cn
邮　　箱	wpc_gdst@163.com
经　　销	新华书店
印　　刷	三河市人民印务有限公司
开　　本	787mm×1092mm　1/16
印　　张	13
字　　数	160 千字
版　　次	2010 年 8 月第 1 版　2021 年 11 月第 6 次印刷
国际书号	ISBN　978-7-5100-2611-9
定　　价	38.80 元

序　言

天上到底有什么？宇宙的深处是什么样子的？在浩瀚无垠的宇宙中，是否还有和人类一样的智能生命？

在中国的传说中，美丽的嫦娥偷吃了灵药飞天成仙，从此独居凄冷蟾宫；而在古希腊的神话里，太阳神阿波罗则驾着日车巡游九天，为人间送来光明和温暖。

战国时的屈原，在他那著名的《天问》篇中，向苍天发出了一连串的疑问，“明明闇闇，惟时何为？”、“日月安属？列星安陈？”……但是，在那个科技和认知水平落后的年代，疑问终究还是疑问，并没有人可以为他做出令人信服的解答。

直到1543年，波兰天文学家哥白尼在出版的《天体运行论》中，系统地提出了“日心说”，人类才开始了对宇宙的科学审视。

14世纪末，我国明朝的官员万户，乘坐自制的火箭飞离地面，成为人类第一位飞天的真正实践者。

1903年，美国的莱特兄弟驾驶着他们在自行车修理车间里制造的第一架飞机“飞行者”1号，实现了人类历史上第一次成功的空中飞行。

1957年10月，在哈萨克的大荒原里，前苏联用火箭把第一颗人造地球卫星“斯普特尼号”送上了天。它宣告着人类进入到一个空间探索的新时代。

1961年4月，“东方”1号飞船载着27岁的前苏联空军少校加加林，进行了108分钟的太空旅行。这是人类历史上第一次载人航天飞行。

1969 年 7 月 21 日，美国宇航员阿姆斯特朗在月球上留下了人类的第一个足印。在踏上月球的一刻，他由衷地慨叹：这是个人的一小步，却是人类的一大步。

在经过漫长的憧憬和探索后，人类终于踏上了其他星球的土地！

与此同时，各种行星和星际探测器、空间站也接连不断地开始进行太空研究和探测。

然而，相对于浩瀚的整个宇宙空间，人类到目前为止的这一点发现和认识，还显得太有限，太有限。

地外文明是否存在？如果存在，我们如何才能寻找到他们并与他们进行交流？

银河系以外的宇宙空间是什么样子的？光速甚至超光速旅行是否可能？

所有这些疑问，都将激励着人们不断地去研究、探索，直至最终获得确定的答案。

毕竟，人类飞向太空的旅程，才刚刚开始；而人类飞向太空的旅程，还将充满了许许多多的故事和精彩。

我们编写了这套《飞向太空》丛书，是为了向青少年朋友们介绍截至目前人类在飞向太空、探索宇宙方面所取得的一系列成就，以及发生在这其中的种种故事。这些话题涵盖飞机、载人航天器、人造卫星、宇宙探索、地外文明的寻找。在这套书里，既有客观翔实的资料，也有生动曲折的故事；既有前沿的理论和最新的成果，也有历来的争议和未解的谜团。希望读者朋友们能够循着本套书的指引，刻苦学习，勇于探索，为人类的航空和航天事业贡献自己的力量！

目录

Contents

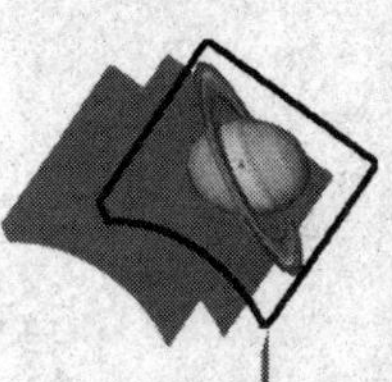

引 言

在晴朗的夜空，当你抬头仰望满天星斗时，有时会看到一种移动的星星，它们像天幕上的神行太保匆匆奔忙，运转不息。你或许会问，它们是什么星？在忙些什么？

其实，这种奇特的星星并不是宇宙间的星球，而是人类“挂”在天宇的“明灯”——人造地球卫星。它们巡天遨游，穿梭往来，给冷寂的宇宙增添了生气和活力。

人造卫星，顾名思义，是由人类建造，以太空飞行载具如火箭、航天飞机等发射到太空中，像天然卫星一样环绕地球或其它行星的装置。在不会产生误会的情况下，一般亦可称为卫星。

1957 年 10 月 4 日，天气晴朗，苏联拜科努尔航天中心。人造卫星发射塔上竖着一枚大型火箭。火箭头部装着一颗圆球形的有 4 根折叠杆式天线的大家伙，这就是人类第一颗人造卫星“斯普特尼克 1 号”。随着火箭发动机的一声巨响，火箭升空，在不到 2 分钟的时间里消失得无影无踪。

世界上第一颗人造卫星发射成功了！消息迅速传遍全球，各国为之震惊。这颗“小星”在天空不过逗留了 92 天，但它却“推动”了整个地球，推动了各国发展空间技术的步伐。

1958 年 1 月 31 日，美国第一颗人造地球卫星“探险者 1 号”升空。此后，法国、日本、英国等国纷纷发射各自的卫星。中国是第五个能独立发射卫星的国家。1970 年 4 月 24 日，我国用自制“长征

1 号”运载火箭，在酒泉卫星发射中心，成功地发射了第一颗人造地球卫星——“东方红 1 号”，它标志着我国在征服太空的道路上迈出了巨大的一步，并跻身于世界航天先进国家之列。据统计，现在人类已研制和发射了各种人造卫星五千多颗，主要目的是利用人造地球卫星开发太空高远位置资源。

随着卫星技术的日新月异，卫星种类越来越多，令人眼花缭乱，应接不暇。如果按照用途来分，人造卫星可以分为 3 大类：①用于科学探测和研究的科学卫星，包括空间物理探测卫星和天文卫星等；②试验卫星，包括进行航天新技术试验或者是为应用类卫星进行试验的卫星；③直接为人类服务的应用卫星，这类卫星数量最大，种类也最多，包括通信卫星、气象卫星、侦察卫星、导航卫星、地球资源卫星、截击卫星等。

形态各异、使命不同的这些人造卫星川流不息地在太空中遨游，同时忠实地为人类服务。我们今日的生活，已经无法离开它。

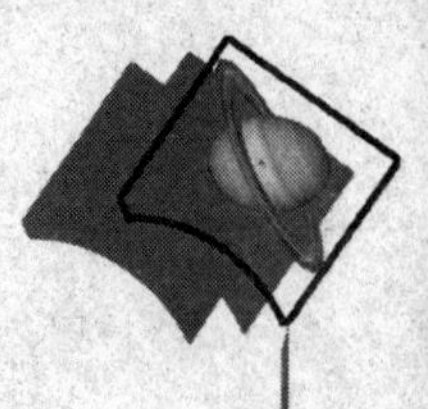

第一章 人类挂在天宇的"明灯"——卫星概述

【篇章页导语】

古往今来，茫茫宇宙一直以其特有的魅力吸引着人类的注意力。只不过，由于科技水平的局限，古代的人们只能将飞天的梦想变成美丽的神话和传说。随着现代科技的发展，人类离自己的梦想越来越近。而人类挂在天宇的明灯——人造卫星的问世则把人类几千年的梦想变成了现实，为人类开创了航天新纪元！

第一节 人造卫星史话

自古以来，茫茫宇宙一直是人类向往的神秘空间。人们渴望一窥太空的真面目，甚至一步登天，到"九霄云外"潇洒走一回。从古代火箭到牛顿三大定律，从齐奥尔科夫斯基的多级火箭理论，到布劳恩研制的 V-2 火箭，经过祖祖辈辈的不懈奋斗，辽阔的苍穹终于迎来了亘古未有的新纪元。

1957 年 10 月 4 日，苏联拜科努尔航天中心，天气晴朗。人造卫星发射塔上竖着一枚大型火箭。火箭头部装着一颗圆球形的有 4 根折叠杆式天线的大家伙，它就是大名鼎鼎的人造卫星"斯普特尼克

1 号”。随着一声巨响，运载火箭拔地而起，直冲九天。10 分钟后，“斯普特尼克 1 号”被成功送到预定轨道。人类第一颗人造卫星发射成功!

“斯普特尼克 1 号”呈球形，直径 58 厘米，重 83.6 千克。它沿着椭圆轨道飞行，每 96 分钟环绕地球一圈。卫星内部带着一台无线电发报机，不停地向地球发出“滴——滴——滴”的信号。一些人围着收音机，侧耳倾听着初次来自太空的声音，另一些人则仰望天空，试图用肉眼在夜晚搜索人造地球卫星明亮的轨迹。

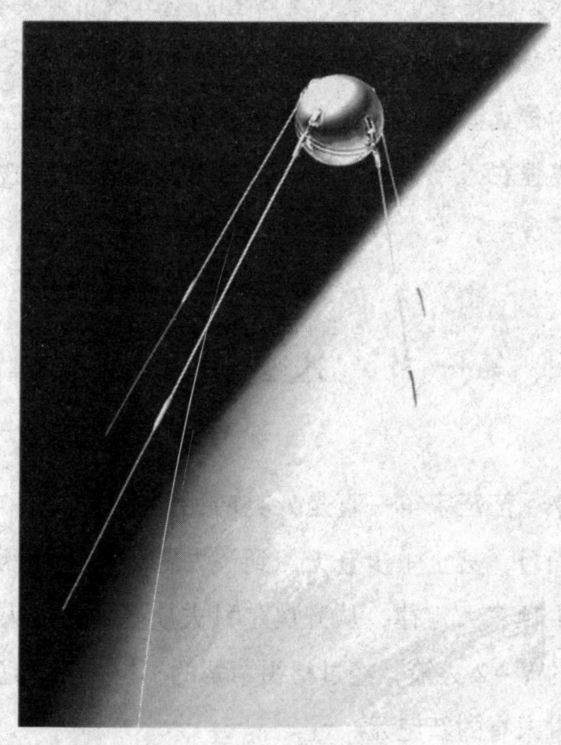

“斯普特尼克”1 号

1 个月后，1957 年 11 月 3 日，苏联又发射了第二颗人造地球卫星，它的重量一下增加了 5 倍多，达到 508 千克。这颗卫星呈锥形，为了在卫星上节省出位置增设一个密封生物舱，不得不把许多测量仪器转移到最末一节火箭上去。在圆柱形的舱内安然静卧着一只名叫莱卡依的小狗。小狗身上连接着测量脉搏、呼吸、血压的医学仪器，通过无线电随时把这些数据报告给地面。为了使舱内空气保持新鲜清洁，还安装了空气再生装置和处理粪便的排泄装置。舱内保持一定的温度和湿度，使小狗感到舒适。另外还有一套自供食装置，一天3次定时点亮信号灯，通知莱卡依用餐。不过，遗憾的是，由于当时技术水平的限制，这颗卫星无法收回，莱卡依在卫星生物舱内生活了一个星期，完成全部实验任务后，只好让它服毒自杀，它也成为宇航飞行中的第一个牺牲者。

其实，早在300多年前，英国科学家牛顿就曾设想过，从高山上用不同的水平速度抛出物体，速度一次比一次大，落地点也就一次比一次远。当速度足够大时，物体就永远不会落下，它将围绕地球旋转，成为一颗绕地球运动的人造地球卫星，简称人造卫星。

第二次世界大战后，美国和苏联在德国V－2导弹的基础上，发展了火箭技术，发射人造卫星的技术逐渐成熟。从德国过来的著名火箭专家冯·布劳恩多次建议美国政府研制人造卫星，但没有引起当局的重视，美国政府更希望将火箭发展成为可用于作战的导弹。相反，苏联火箭专家科罗廖夫成功说服了领导人赫鲁晓夫，将洲际导弹改装成运载火箭，终于摘得了第一个成功发射人造卫星的桂冠。

当时美、苏两国正处于冷战时期，得知苏联发射成功了人造卫星，美国大为震惊。“美国氢弹之父”爱德华·泰勒说：“美国输掉了这场比日本偷袭珍珠港更重要的战役”。冯·布劳恩焦急地说：“我们能在六十天之内发射一颗卫星，只要给我们开绿灯！”许多报纸的标题都是“发射卫星吧”。在舆论的强大压力下，美国政府开始集中资金、人力和物力研制人造卫星。在冯·布劳恩的领导下，美国终于于1958年1月31日成功地发射了第一颗“探险者1号”人造卫星。

“探险者1号”重8.22千克，锥顶圆柱形，高203.2厘米，直径15.2厘米，沿近地点360.4千米、远地点2531千米的椭圆轨道绕地球运行，轨道倾角33°34′，运行周期114.8分钟。发射“探险者1号”的运载火箭是“丘比特”四级运载火箭。

“探险者1号”卫星

此后，世界各国纷纷开始大力开展卫星制造和发射技术的研究，越来越多的人造卫星被发射升空。

法国于1965年11月26日成功地发射了第一颗“试验卫星A－1

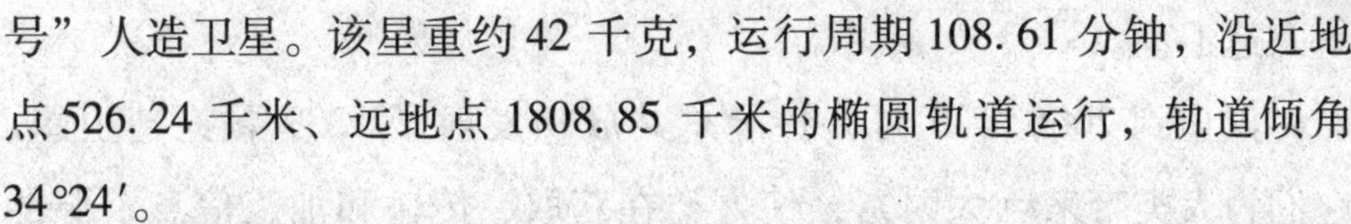

号"人造卫星。该星重约42千克，运行周期108.61分钟，沿近地点526.24千米、远地点1808.85千米的椭圆轨道运行，轨道倾角34°24′。

日本于1970年2月11日成功地发射了第一颗人造卫星"大隅"号。该星重约9.4千克，轨道倾角31°07′，近地点339千米，远地点5138千米，运行周期144.2分钟。

英国于1971年10月28日成功地发射了第一颗人造卫星"普罗斯帕罗号"，发射地点位于澳大利亚的武默拉（Woomera）火箭发射场，近地点537千米，远地点1593千米。该星重66千克（145磅），主要任务是试验各种技术新发明，例如试验一种新的遥测系统和太阳能电池组。它还携带微流星探测器，用以测量地球上层大气中这种宇宙尘高速粒子的密度。

人造卫星渐渐开始广泛应用于科学研究、军事侦察、社会经济等各个领域，成为人类发射数量最多、最重要的航天器。

1965年，我国正式启动第一颗人造卫星研制计划。当时的国民经济非常困难，后来又遭遇"文化大革命"，科研工作经常受到影响，但科研人员克服了常人难以想象的困难，于1970年4月24日，成功发射了中国人自己设计制造的人造地球卫星——"东方红1号"。"东方红1号"重173千克，能播送《东方红》乐曲。当时，人们用肉眼便可以看到这颗卫星。"东方红1号"的发射成功，为中国航天技术的发展打下了极为坚实的根基，带动了中国航天工业的兴起，使中国的航天技术与世界航天技术前沿保持同步，标志着中国进入了航天时代。

除上述国家外，加拿大、意大利、澳大利亚、德国、荷兰、西班牙、印度和印度尼西亚等也在准备自行发射或已经委托别国发射了人造卫星。

截止到 2006 年 6 月，各国总共成功发射了 5239 颗人造卫星。它们为人类带来巨大财富，使人类在获取、传输和加工信息资源的广度和深度上产生了质的飞跃。

【小链接】

第一颗人造地球卫星的总设计师——科罗廖夫

1957 年 10 月 4 日世界上第一颗人造地球卫星发射成功！这在空间技术发展史上是划时代的大事。可是谁曾料到，为这次飞行作出杰出贡献的第一个总设计师，竟是一个被判死罪的苦役犯，他的名字叫科罗廖夫！

布劳恩和科罗廖夫

科罗廖夫是一个天资聪颖而又勤奋好学的人，很早就显露出超群的才干。他 25 岁时就编写出版了专著《火箭发动机》，26 岁时成功地参与设计了苏联第一枚液体火箭，27 岁那年又写出另一本专著

《火箭飞行》，29 岁时和同事们一起成功地设计了苏联第一代喷气式飞机。

在 1937 年，他遭到了厄运。当时的陆军参谋长屠哈切夫斯基因串通外国嫌疑而被立即处决。受他的牵连，著名的飞机设计师图波列夫被捕，因国家需要飞机而未被处死，囚禁在监狱工厂进行飞机设计。身为火箭主设计师的科罗廖夫则被判为死罪，被押赴西伯利亚一个荒无人烟的小岛挖掘金矿。

由于图波列夫的多次请求，科罗廖夫才脱离死牢，转到第 4 号特种监狱工厂研制火箭。虽然他们从事的是科研设计工作，但身份是囚犯，每天工作 12 小时，警卫森严，不得随便聊天，毫无行动自由。就在这种条件下，他先后成功地设计了苏联第一代导弹和中程导弹。

1957 年 8 月 3 日科罗廖夫设计的洲际导弹试验成功。10 月 4 日，第一颗人造地球卫星上天，世界各国赞扬科学上这一巨大成就。科罗廖夫为苏联赢得了极大的声誉，可是苏联政府仍不准他公开露面。具有讽刺意味的是，虽然这时他已拥有私人别墅，可是别墅的保卫人员就是当年监狱工厂的警卫！

在这以后，科罗廖夫又为第一艘载人飞船设计了火箭。科罗廖夫的科研态度是严肃而认真的，但他的科研工作随着苏联领导人的意图而转变。当时，他虽已从被关押的劳改犯变成被“保护”的“要人”，但睡梦中时常发出“混蛋，快起来！马上出发！”的咆哮声，那苦难岁月的阴影还笼罩着他。1966 年 1 月，他终因劳累过度、心力衰竭而死，终年 59 岁。

第二节 人造卫星的组成结构

虽然人造地球卫星的种类繁多，用途各异，但是它们之间也存在不少共性，主要有以下 3 个方面：①它们的飞行都要遵循开普勒的三大定律；②人造地球卫星都需要由运载火箭或航天飞机发射到太空；③它们都是由公用系统和专用系统 2 大部分组成。

公用系统也叫保障系统，是每颗卫星都必有的，它包括热控制系统、电源系统、姿态控制系统、结构系统、数据管理系统和测控系统等。公用系统也叫公用舱、公用平台或卫星平台，它类似一辆未装货的汽车。用一种卫星平台常常可以组装多种卫星。

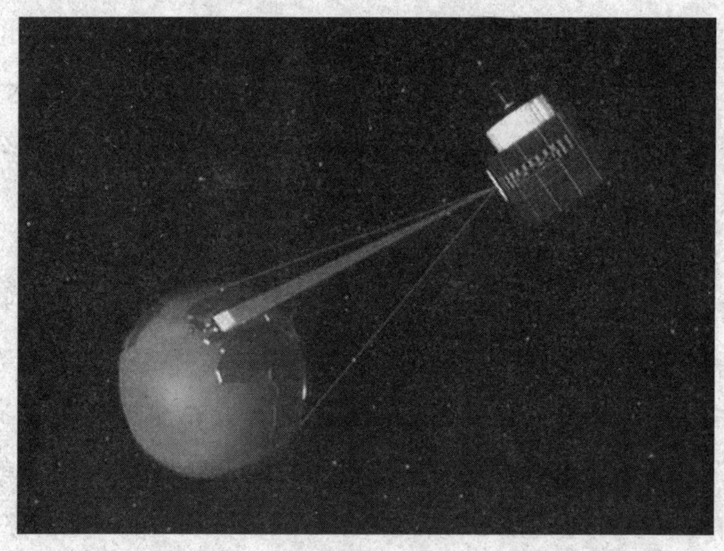

通信卫星携带的转发器就是一种有效载荷

卫星的专用系统又常称为卫星的有效载荷，意思是说，它是卫星用于完成任务的有效部分。不同用途的卫星有不同的有效载荷。

例如，资源卫星的有效载荷就是各种遥感器，它包括可见光照相机、多光谱相机、多光谱扫描仪、红外相机、微波辐射计、微波扫描仪和合成孔径雷达等；气象卫星的有效载荷包括扫描辐射计、红外分光计、垂直大气探测器和大气温度探测器等；通信卫星的有效载荷主要是通信转发器及通信天线；天文卫星的有效载荷是各种类型的天文望远镜，它包括红外天文望远镜、可见光天文望远镜和紫外天文望远镜等。

保障系统像一个现代家庭住宅一样，要有住房、采光、供热、供电、通信等设备，其目的是保障有效载荷的正常运行。为了适应同类卫星的设计和生产能更快、更省、更好地拿出产品，承制单位经常采用公用舱思路，就是把保障系统组合成一个公用平台，它能满足同一类卫星各种有效载荷的应用。

保障系统一般包括结构系统、热控制系统、姿态和轨道控制系统、电源系统、测控与通信系统、数据管理系统。

结构系统 结构系统类同于建筑中的房屋结构，用于支撑和固定卫星上各种仪器设备，使它们构成一个整体，以承受地面运输、运载火箭发射和空间运行的各种力学环境（振动、过载、冲击、噪音）和空间运行环境。结构系统要满足各种仪器设备的安装方位、定向精度等要求，还要提供一些机构和特定功能，如各种伸展部件（如太阳翼、天线）的解锁、展开和锁定。在各种卫星中广泛应用了承力筒结构，它们通常可以是加筋壳、波纹壳或蜂窝夹层壳等。所用的材料有：铝合金、碳纤维复合材料、钛合金等。对卫星结构的基本要求是质量轻、可靠性高、成本低等。

热控制系统 热控制系统类似于卫星的外套，几乎所有的卫星都需要采取一定的热控措施，以保证星上各种仪器设备能处在期望的温度范围内。各类卫星和卫星的各个部位有不同的温度要求。卫星在宇宙空间运行时，它的温度取决于自身状况和环境条件。直接影响卫星热状态的环境条件，主要是高真空、超低温背景，太阳辐射、微重力和粒子辐射等。在高真空状态下，卫星与外部环境的热交换几乎仅以辐射方式进行。太阳直接辐射、地球反照和地球红外辐射是卫星的主要外热源。当卫星在轨道上运行时，太阳射向卫星的能量可以从无日照的零值变化到垂直于射线方向的最大值。卫星运行时，处于微重力状态，舱内气体自然对流现象消失，内部只有传导和辐射传热方式。卫星上安装的各种仪器设备要消耗电能并成为内部热源，随着这些仪器的开关机时它们的功率消耗发生很大变化，也就影响卫星内其他仪器的温度环境。因此卫星上有必要进行热控制。

气象卫星携带的气象观测仪器是有效载荷

当前卫星上广泛采用的热控措施大致分成被动式和主动式两大类。被动式热控制是一种开环式控制，例如热控涂层和多层隔热材料、相变材料、热管等。主动式热控制则是闭环式控制，常由温度敏感器、控制器和执行机构三部分组成，如恒温电加热器、热控百叶窗、流体循环换热装置等。几乎所有的卫星都以被动热控措施为基础，如果外热流和内热流变化幅度较大时，被动式热控无法满足要求时，就增加主动式热控措施。

姿态和轨道控制系统　卫星从运载器分离后到运行阶段要根据需要进行姿态和轨道控制。不同卫星对姿态和轨道控制在飞行各阶段有不同的要求。例如通信广播卫星要求最后定点在距地面约36000千米的地球静止轨道上，这样其服务区域在地球上可以保持不变。其发射过程大致是将卫星由运载火箭送入一个大椭圆转移轨道，由卫星上的远地点发动机多次变轨点火，将卫星送入赤道上空的静止轨道。在定点以后，由于卫星受外部干扰力的影响，使卫星偏离同步静止轨道位置，隔一段时间还要有一个轨道保持的操作。所有这些轨道控制过程，由于推力器固定安装在星体上的，要靠姿态控制系统来满足正确的推力方向要求。卫星在长期运行过程中更要靠姿态控制系统来满足对地定向的要求。

姿态控制系统一般由姿态敏感器、控制器和执行机构组成。典型的敏感器有太阳敏感器、红外地平仪、星敏感器、陀螺和射频敏感器等。早期的控制器是由电子线路实现的，后来逐步向数字化和星载计算机方向发展。执行机构按产生力矩的方式可分为3类：①利用质量排出产生反作用推力或力矩；②利用“角动量守恒”原理用飞轮来控制角动量的变化，达到稳定卫星姿态的目的；③利用空间环境场（磁场、引力场、太阳光压等）与卫星相互作用产生力矩。

电源系统　电源系统是产生、储存、变换、调节和分配电能的分系统，它相当于卫星的“食粮”。其基本功能是将光能、核能或化学能直接转换成电能，根据需要进行储存、调节和变换，然后向航天器各系统供电。如化学能有锌汞电池、锂电池等原电池、锌银蓄电池、镉镍蓄电池、氢镍蓄电池等蓄电池、氢氧燃料电池等。太阳电池有硅太阳电池和砷化镓太阳电池。核能电源有放射性同位素温差发电器、热离子反应堆等。随着空间技术的高速发展，空间电源技术亦不断进步。电池组输出功率从早期的500瓦增至7千瓦，工作寿命由400小时延长到2000小时，太阳电池阵——蓄电池组联合电源的输出功率从早期的0.25瓦递增至22千瓦。电源控制设备用于调节、控制、保护及与航天器其他系统接口的各种设备，将电源系统与各系统有机地结合在一起。这是卫星电缆网所承担的任务。

测控与通信系统　测控和通信是航天任务的神经系统。测控实际上包括三部分技术内容：跟踪、遥测和遥控。卫星上跟踪部分与地面站相结合，就可以对航天器这个活动目标做轨道测量。遥测部分首先用传感器测量卫星内部各个工程分系统的工作状态参数，用无线电技术传到地面站，用以判断卫星的“健康状况”，也是判断故障部位、原因的唯一手段。如果出现故障，或需要调整一个分系统的运行参数，或切换备件，就要用遥控部分来发出指令进行修正。因而遥测、遥控两种技术综合起来可以构成一种保证卫星正常运行的重要手段。通信是测控之外的另一个星地数据系统，主要目的用来传输卫星上有效载荷取得的高速率数据，如气象卫星上的云图、通信卫星的声音或图像信息。

由于测控与通信系统是一个无线信息系统，卫星上必须安装有各种发射和接收天线，卫星内还要有信息存储器。

数据管理系统　数据管理系统相当于卫星的“大脑”。随着微电子技术高速发展，微处理器在卫星上广泛应用，各分系统的数据和状态已数字化，客观上要求整星有一个系统将各分系统运行从信息的角度统一管起来，使各部分为整体目标协调一致地运行。在卫星上采用局部网络技术可以减少传输信息的电缆。卫星数据管理系统中，计算机和局部网等硬件是基础，而软件是灵魂，它决定了计算机系统的先进性、可靠性、实时性和实用性。

随着高新技术的发展和市场的需求，近年来，微机电系统、微推进系统等新技术应用于卫星系统，但是一个卫星的技术内涵和系统组成还离不开上面几个分系统。

第三节 人造卫星的发射、运行与回收

人造地球卫星之所以能按照预定的轨道，周而复始地环绕地球运行，既不飞出去，也不掉下来，主要是因为卫星的发射满足了速度和高度这两个必要的条件。

1687 年，英国著名科学家牛顿从理论上已阐明，要使地球上空的某一物体变成"永远不落到地面"的人造卫星，关键是要给它足够的速度，使物体入轨后产生的离心加速度（惯性）所形成的惯性力能抵消地球对它的引力。

牛顿指出：假如在山顶上平放一门大炮，以一定速度发射出一发炮弹，炮弹将沿着一条曲线（弹道），飞出一段距离（射程），然后落回地面。若不考虑空气阻力，当发射速度不断增加，射程也必然相应增加，而且弹道曲线将越变弯曲度越小。这样，只要速度能增加到某一数值，弹道的弯曲度将和地球表面的弯曲度一模一样。这时候，虽然发射出去的炮弹在地球引力作用下不断降落，但因地

球表面也在不断向里弯曲，不论炮弹飞出多远，它距离地面的高度将永远不变。换句话说，这颗炮弹已成为一颗以圆形轨道不停地环绕地球运行的人造卫星。我们通常将炮弹所需的这种速度称之为“第一宇宙速度”，又称“环绕速度”，数值为7.9千米/秒。

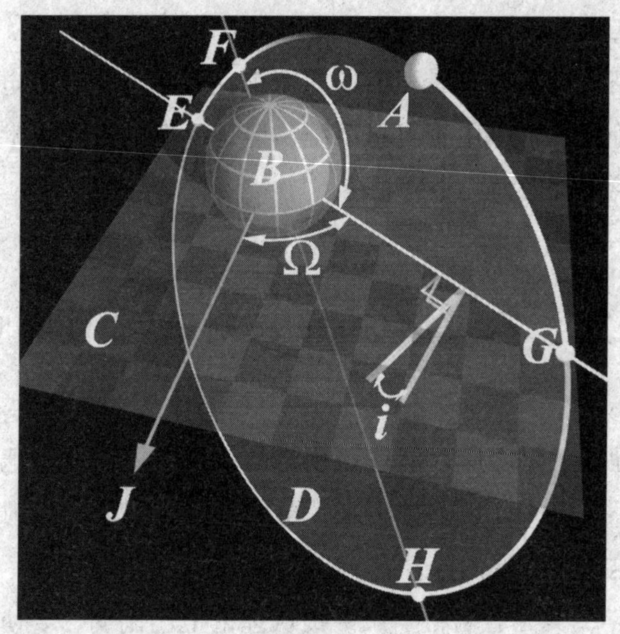

卫星轨道和轨道参数

显然，如果发射速度比7.9秒/秒还要大，卫星的轨道将变得比地球表面的弯曲度还要平直，成为环绕地球运行的椭圆形，而且发射速度越大，椭圆形轨道将显得越扁长。一旦发射速度达到11.18公里/秒，卫星就不再环绕地球运行，它将挣脱地球引力，而变成一个绕太阳运转的人造行星了。人们通常把这一速度称之为“第二宇宙速度”，又称“脱离速度”。依此类推，当发射速度继续增加到16.7千米/秒（即“第三宇宙速度”）时，物体将摆脱太阳系对它的引力，而进入茫茫宇宙，一去不复返了。

以上算出的第一、第二、第三宇宙速度，是按照物体在地球表面发射，而且不考虑空气阻力进行计算的。事实上高度和空气阻力对物体的运行影响很大。根据牛顿万有引力定律，物体离地球表面越高，地球对其引力越小，物体所需的第一、第二宇宙速度也必然减小。据计算，在离地面36000千米的高空，物体的环绕速度为3千米/秒，而离地面38万千米高的月球，它的环绕速度只有1千米/秒。但需要说明的是，虽然轨道越高，物体所需环绕速度越小，但要把物体从地面送到较高的轨道，运载火箭克服地球引力和空气阻力耗功更多，要求运载火箭的推力也必须相应增大。地球的大气层厚度虽有2000～3000千米，但大气质量的99%都集中在海平面以上的30千米内，为了保持卫星在空中的正常运行不至因空气阻力的影响而很快陨落，通常人造卫星都被发射至120千米以上的高空。

几千年来，人类为了打开太空神秘大门所经历的漫长历史，从一定意义上讲，是人类和地球引力、大气阻力作坚持不懈斗争的艰辛历史。直到20世纪50年代，人类经过长期的知识积累和大量的科学实验，研制出能闯过地球引力关卡的火箭，卫星遨游太空才成为现实。时至今日，多级火箭依然是世界各国发射卫星的主要运载工具。以三级火箭为例，其发射过程大致如下：

装载卫星的运载火箭在发射台通过各项检测后，由发射指挥控制中心下达点火命令，第一级发动机开始工作，推动火箭徐徐升空，当火箭垂直上升穿过稠密大气层后，按程序指令，使第一级发动机熄火并自动脱落，与此同时，第二级发动机开始工作，推动二、三级火箭加速飞行并进行程序拐弯，到预定时间，第二级发动机熄火后自动脱落。这时第三级火箭并不急于立即点火，而是与卫星"相依为命"在空中惯性飞行，待飞行到离预定的卫星轨道较近的地方，按指令启动第三级火箭，继续加速到卫星所需要的速度和预定位置时，卫星被释放进入运行轨道。与卫星分离后的第三级火箭在完成历史使命后，自己也成了一颗失去工作能力的“卫星”，在太空中“孤苦伶仃”地去度它的“晚年”。而与第三级火箭分离后的卫星，则靠惯性作无动力性行，其运行轨道的形状，将取决于入轨点处的速度和方向。

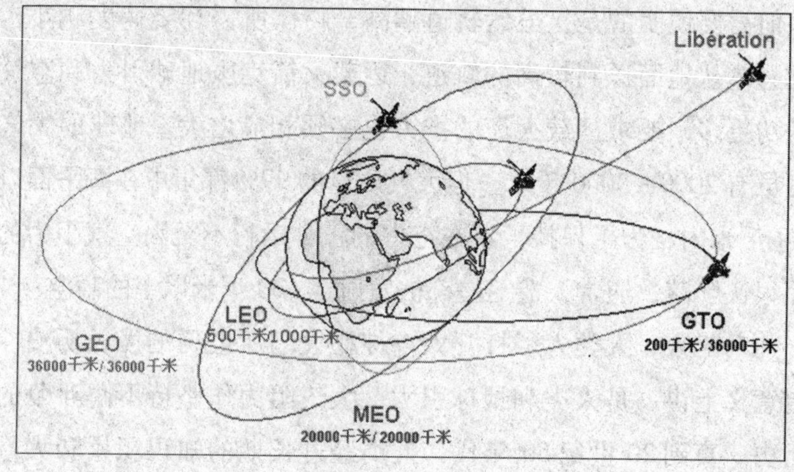

各类卫星轨道

人造卫星的运行轨道多种多样，按形状可分为圆轨道和椭圆轨道；按离地面的高度，分高轨道和低轨道。此外，还有赤道轨道、极地轨道、地球同步轨道、对地静止轨道和太阳同步轨道等有特定意义的轨道等。卫星绕地球一圈的时间叫运行周期，卫星轨道形成的平面叫轨道平面，轨道平面与地球赤道平面形成的夹角叫轨道倾角。倾角小于90度为顺行轨道；大于90度为逆行轨道；等于90度为极地轨道；倾角为0，即轨道平面与赤道平面重合，为赤道轨道。若卫星的运行周期和地球的自转周期相同，我们称这种卫星轨道叫地球同步轨道；如地球同步轨道的倾角为零，即卫星正好在赤道上空，它将以与地球自转相同的角速度绕地球运行。从地面上看去，就像是静止不动。这种特殊的卫星轨道被称之为对地静止轨道。处于这条轨道上的卫星就是通常所说的对地静止轨道卫星。

典型的卫星轨道

卫星轨道的具体选择，则要根据卫星的任务和应用要求来确定。如对地面摄影的地球资源卫星、照相侦察卫星等，通常采用近圆形的低轨道运行方式；通信卫星则常常采用对地静止的地球同步轨道；若为了节省发射卫星时所消耗的运载火箭的能量，常采用顺行轨道；为了使卫星对地球能进行全面观察，则需要采用极地轨道；而为了让卫星能始终在同一时刻飞过地球的某地上空，或使卫星永远处于或永远不处于地球的阴影区，又往往需要采用太阳同步轨道；军用卫星，为了军事的特殊需要，则常常采用地球同步轨道和太阳同步轨道等。

对返回式卫星来说，还有一个卫星如何返回和回收的问题。绕

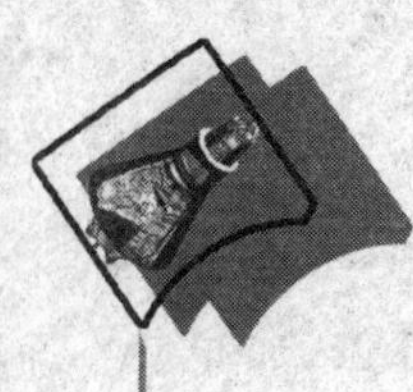

空间站一般采用低地球轨道

美国“诺阿”气象卫星采用太阳同步轨道

地球运行的卫星返回地面时，根据它们所受阻力和升力的大小不同，通常有3种不同的返回轨道：①弹道式返回轨道，这种卫星在再入大气层后，只产生阻力；②半弹道式返回轨道，卫星在再入大气层后，除产生阻力外，还有部分升力；③升力式或滑翔式返回轨道。我国的返回式卫星采用的是弹道式返回轨道方式。

为了使卫星在太空完成使命后能安全地返回地面，首先要求运载火箭有很高的控制精度，不仅能准确地把卫星送到预定轨道，而且当卫星完成使命等待回收时，能处于预定的回收区上空；其次，对低轨道返回式卫星来说，由于受大气阻力和地球形状等的影响，轨道会发生偏离。因此，必须精确地计算出卫星返间落地的时间和落点的经纬度，并向卫星发射各种控制指令；更重要的是，在卫星进入返回圈后，卫星必须能按地面指令准确地调整成返回地面所需要的姿态，并按预定程序使旋转火箭、反推火箭依次点火、分离，然后弹射和打开降落伞。否则，"失之毫厘，差之千里"，在过载很大的气动力作用下，卫星返回地面时，将可能产生较大的落点偏差，甚至造成意想不到的失败。

此外，卫星在返回过程中，还必须闯过 3 关：

①振动和过载关。当卫星以高速进入稠密大气层中，强大的气动阻力将使卫星受到巨大过载的冲击。在返回过程中，卫星的结构和各种仪器设备要经受得住反推火箭工作时产生的剧烈振动。

②火焰关。当卫星以近 8 千米/秒的速度穿越稠密大气层时，因摩擦而产生近万摄氏度的高温。为了不使卫星被烧坏或化为灰烬，卫星的防热层结构必须具备承受这种高温的防热和耐热性能。

③落地的防撞关。卫星按预定程序打开降落伞后，降落速度虽受到阻滞，但接近地面时仍具有几百米/秒的落速，只有当降落伞的减速和卫星的减震装置能有效地保证安全回收时，卫星才不致被地面撞得粉身碎骨。

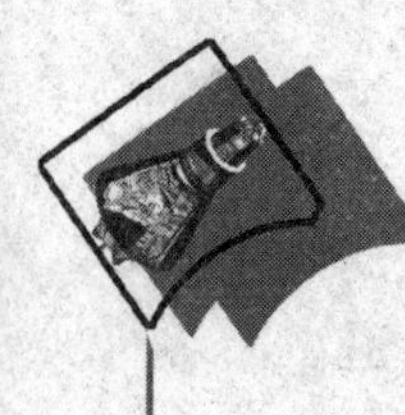

航天器返回大气层会产生极高的温度

第四节　千姿百态的卫星

飞机的外形是大家熟悉的，无论是战斗机还是运输机，也不管是喷气式的还是螺旋桨式的，它们的外形都差不多，基本上是由流线型的机身，再加上一对伸展的机翼所组成。人造地球卫星在数百千米以上的高空运行，那里空气非常稀薄，空气对卫星的阻力是很微小的，因此不必过多去考虑空气阻力对卫星运行的影响。

目前，世界各国发射的卫星的卫星外形是各式各样的：有球形的、圆锥形的、圆柱形的、球形多面体的和多面柱体的，也有张开几块大平板或伸出几根长长的细杆的，总之是五花八门，各具一格。那么，在决定卫星的外形时，主要应考虑哪些问题呢？主要应考虑

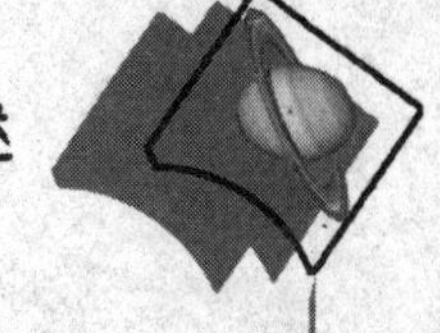

满足卫星在使用上以及所装仪器设备的要求。

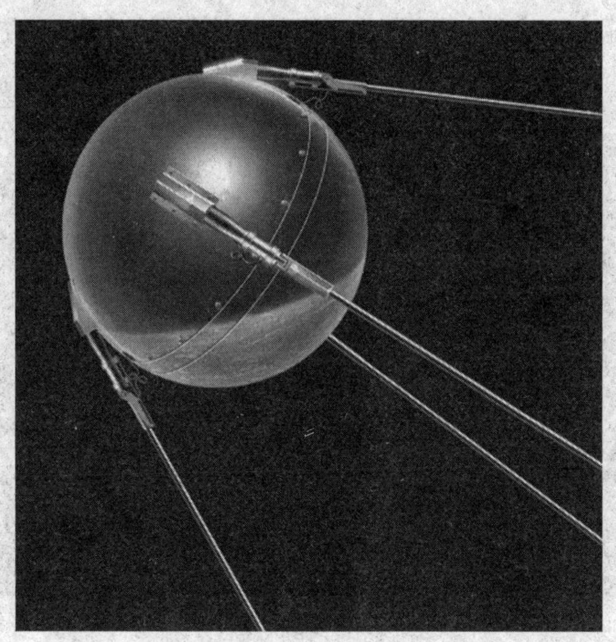

球形人造卫星

在卫星技术的发展初期，运载火箭的运载能力较小，要求卫星的结构重量尽可能轻些，以减轻运载火箭的负担，所以卫星的外形大都做成球形的。因为与其他外形相比，在同样的容积下，球形卫星外壳的表面积最小，重量最轻，而且对运载火箭主动段飞行时的冲击、加速和振动载荷的受力最强。

为了充分利用末级运载火箭头部整流罩的空间，卫星也有做成与整流罩外形相似的圆锥形，甚至有直接用整流罩做外壳的卫星。

卫星的运载火箭与卫星相比，运载火箭的技术复杂程度要比卫星高得多，研制周期也长，同时运载火箭往往是利用已研制和发射成功的弹道导弹改装而成的。在设计卫星之前，运载火箭已基本就绪，不便多改，因此，当卫星的外形尺寸同运载火箭发生矛盾时，一般应压缩卫星的外形尺寸来适应运载火箭。

不规则形状的人造卫星

当卫星上的电源是利用太阳能电池时，往往在卫星的外表面贴上一种厚度不到1毫米、长2厘米、宽1厘米或2厘米见方的半导体单晶薄片，组成太阳能电池。太阳光照射到太阳能电池上，就直接把太阳能变成电能，形成所谓全向式太阳能电池阵，以便不管太阳光来自何方都能发出电来。此时卫星的外形以球形成轴对称的为好。但由于球形卫星外表弯曲，不好贴太阳能电池，所以大多数做成球形多面体或多面圆柱体外形的卫星。

有的卫星外表面不适宜贴太阳能电池或表面积不够贴太阳能电池时，就在卫星本体之外，装上几块活动的翼板，专门贴太阳能电池，这样的翼板叫太阳能电池翼板。因此就出现张开几块平板的卫星外形。

上述的全向式太阳能电池阵的利用率，显然是比较低的。为了充分发挥太阳能电池的作用，提高效率，可以进一步采取措施，利用太阳能电池翼板单独对太阳定向，而不管卫星处于什么姿态，太阳能电池翼板有电池的一面总是向着太阳，以构成所谓定向式太阳能电池阵。

柱状人造卫星

当卫星的姿态控制方法是自旋稳定时，也就是说，卫星绕本体的某一轴旋转，从而获得对空间定向时，总是把卫星做成直径大于高度的圆柱形、鼓形或扁球形的卫星。

发射中、小型卫星时，依靠绕纵轴自旋来保持发动机推力方向不变，转速一般高达100转/分。这样一来卫星与固体火箭发动机一起旋转，在卫星入轨并与末级运载火箭分离后，卫星仍在高速地旋转着，这就影响到卫星上的仪器正常工作，则必须降低转速。为此在卫星本体周围张开4块翼板，或从卫星本体内部沿直径两端对称地伸出两根细杆来减旋。这种减旋方法和飞速旋转着的花样滑冰运动员要想停下来，只需将收缩在胸前的双臂向外伸开，速度自然会降低是一样的。这种翼板可以直接利用太阳能电池翼板，张开之前像上举或下垂的手臂那样，固定在卫星本体周围。减旋用的细杆，有的是天线，有的是杆端装着仪器的支撑杆。卫星入轨后，翼板张开，细杆伸出，既完成规定的动作，又起到减旋的作用，真是一举两得。

对于要返回地面的卫星，当它返回时，以很高的速度进入大气层，由于空气动力的作用，在其上可产生很大的空气阻力。因此在设计卫星的可返回部分时，选择合适的空气动力外形，使它在大气层运动时产生比较大的空气阻力，以便急剧地减速。因此往往把这一部分的外形做成钝锥形或球头锥身的组合体。

决定卫星外形的因素是多方面的，是要全面考虑的。但是，从上述我们可以看出：主要的问题是考虑满足卫星在使用上以及所装仪器设备的要求。

【小链接】

卫星命名趣谈

自第一颗人造卫星上天以来，人类已发射了五千多颗卫星和其他航天器。在对卫星和航天器的命名上，也五花八门，多种多样。

以伟人、名人命名。欧洲航空局的天体测量卫星叫“依巴谷”（古希腊天文学家）；美国木星探测器叫“伽利略”（意大利伟大物理学家、天文学家）；欧洲空间站叫“哥伦布”（意大利伟大航海家）；美国的一颗天文卫星和德国的一颗通信卫星都叫“哥白尼”（波兰伟大的天文学家）；美国的一种科学卫星起名“林肯实验卫

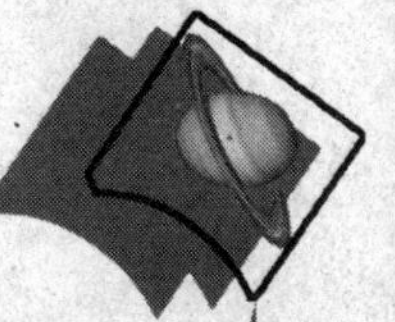

星”（林肯是美国第16任总统）。

以动植物命名。美国的一种间谍卫星取名“大鸟”，很有神秘感；英国的一种科学卫星叫“羚羊”，很是活泼可爱；苏联的航天器有的取名“鹞”、“鸥”、“鹫”、“雄鹰”、“金雕”、“天鹅”、“雪貂”、“百灵鸟”等，简直可以开个动物园；日本的卫星命名偏爱花木，如实验通信卫星叫“樱花”、“菖蒲”，工程实验卫星叫“菊花”，海洋观测卫星叫“桃花”，电离层探测卫星叫“梅花”，还有什么“百合花”、“八仙花”等，仿佛使人漫步植物园。

以传说中的神命名。美国登月飞船叫“阿波罗”，这是主管光明、青春和音乐的神；法国有一颗气象卫星叫“风神”，观风测雨，对号入座；苏联有一艘飞船叫“爱情神”；法国有一种照相侦察卫星叫“太阳神”。

以日月星辰命名。日本一颗科学卫星取名“太阳”；美国的宇宙飞船叫“水星”、“双子星座”；苏联的一些飞船叫“土星”、“木星”、“猎户星座”等，还有一些卫星叫“银河”、“流星”、“飞马座”、“天狼星”等。

以地名命名。苏联的一些飞船代号叫“贝加尔湖”、“乌拉尔河”、“多瑙河”、“太平洋”、“高加索”等；美国一架航天飞机叫“亚特兰蒂斯”，这是传说中位于大西洋的一个岛，后因地震沉入大洋。

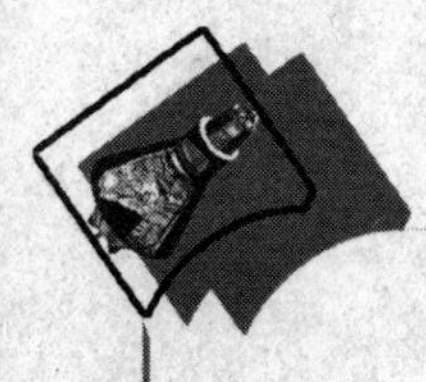

第五节　庞大的卫星家族

自从前苏联 1957 年 10 月 4 日，发射世界上第一颗人造卫星以来，至今，人类大约发射了 5000 多颗各种用途的人造地球卫星，形成了庞大的卫星家族。它们包括通信卫星、气象卫星、地球资源卫星、导航卫星、空间探测卫星、技术试验卫星和军事卫星（如侦察卫星）等。

今天，数千颗用途不同、形状各异的人造地球卫星绕地球旋转，以致于轨道空间都显得有些拥挤了。

通信卫星

通信卫星是用作无线电通信中继站的人造地球卫星，是卫星通信系统的空间部分。它转发或发射无线电信号，以实现地面站之间或地面站与航天器之间的通信，可传输电话、电报、电视、传真的数据等信息。卫星通信的突出优点是：

覆盖范围大　一颗静止轨道通信卫星，可覆盖地球表面的 1/3。能供相距 17000 千米的两地面站直接通信。在赤道上空等距离地布置 3 颗静止轨道卫星，即可实现除南北两极地区以外的全球通信。

通信容量大　目前，一颗卫星的容量可达数千到上万路电话，并可传输高分辨率的照片和视频信息。

传输质量高　卫星通信不受地形、地物等自然条件影响，且不易受自然或人为干扰以及通信距离变化的影响，通信稳定可靠。

机动性能好　卫星通信可作为大型地面站之间的远距离通信干线，也可为机载、船载和车载的小型机动终端提供通信，能根据需要迅速建立同各个方向的通信联络。

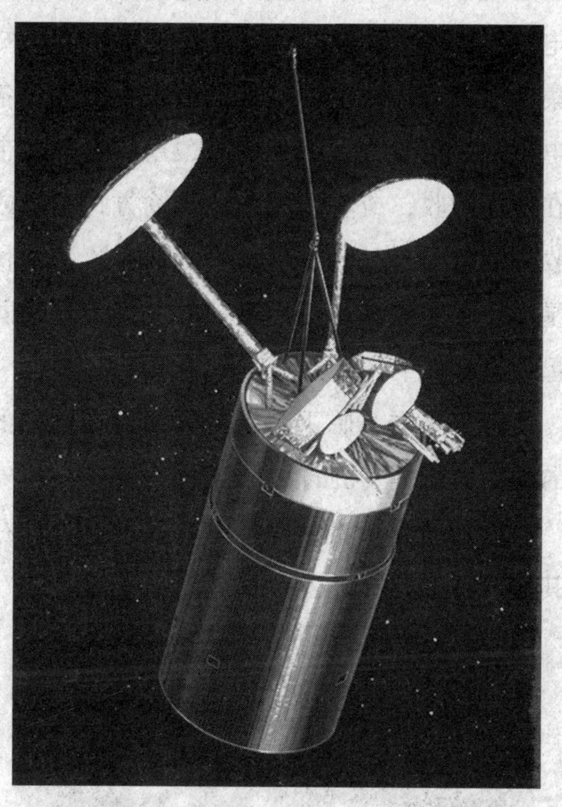

国际通信卫星

通信卫星的种类较多，按服务区域不同，通信卫星可分为国际通信卫星、国内通信卫星、区域通信卫星；按用途不同，可分为军用通信卫星、海事通信卫星、电视广播卫星、数据中继卫星等。军用通信卫星又为分为战略通信卫星和战术通信卫星，前者提供远程直至全球范围的战略通信，后者提供地区性战术通信和舰艇、飞机、车辆乃至个人的移动通信。

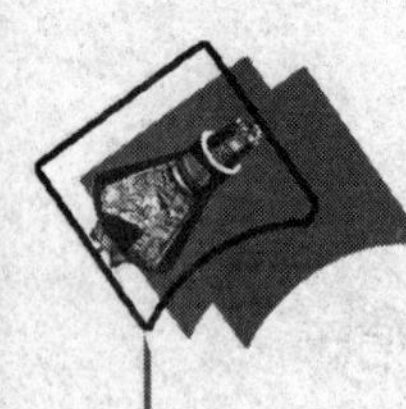

侦察卫星

侦察卫星是用于获取军事情报的人造地球卫星，它利用光电遥感器或无线电接收机等侦察设备，从轨道上对目标实施侦察、监视、跟踪，以搜集地面、海洋或空中目标的情报，侦察设备记录目标反射或辐射的电磁波、可见光、红外信号，用胶卷、磁带等存储于返回盘货内，在地面回收，或者用无线电传输方式实时或延时传到地面接收站，收到的信号经处理，可从中提取有价值的情报、侦察卫星是军用卫星当中数量最多，应用最广的一类卫星，同其他侦察手段相比，卫星侦察有如下优点：

范围广 侦察卫星居高临下，视野开阔，在同样的视角下，卫星所观测到的地面面积是飞机的几万倍。

速度快 在近地轨道上的侦察卫星，1.5 小时左右就可绕地球一圈，这是其他侦察工具所无法比拟的。

KH－11 侦察卫星

限制少 卫星的飞行不受国界、地理和气候条件的限制，可以自由飞越地球任何地区。

因此，侦察卫星能获得其他手段难以获得的情报，对军事、政治、经济、外交等均有重要作用。侦察卫星自1959年出现以来，发展迅速，已成为一些国家获取情报的有效工具。根据侦察的任务和设备的不同，侦察卫星一般分为照相侦察卫星、电子侦察卫星、海洋监视卫星、预警卫星等。

气象卫星

从外层空间对地球及其大气层进行气象观测的人造地球卫星称为气象卫星，它是卫星气象观测系统的空间部分，卫星上携带有多种气象遥感器，能接收到测量地球及其大气层的可见光、红外与微波辐射，将它们转换成电信号传到地面。地面台站将卫星送来的电信号复原绘制成云层，地表和洋面图，经进一步处理，即可得出各种气象资料。在气象卫星问世以前，气象工作者利用地面气象站、气球、飞机和火箭进行气象观测，但占地球表面70%的海洋无法观测到，而洋面上的气象变化对全球气象影响很大。气象卫星观测地域广阔，观测时间长，数据汇集迅速，因而能提高气象预报的质量，对灾害性天气如热带风暴的预报具有重要的作用。

美国“国防气象卫星”

气象卫星按所在轨道可分成两类：太阳同步轨道气象卫星（也称“极地轨道气象卫星”）和地球静止轨道气象卫星。太阳同步轨道气象卫星每天对全球表面观测两遍，可以获得全球气象资料，静止轨道气象卫星高悬在赤道上空约 36000 千米处的固定集团，可覆盖地球近 1/5 的地区，实时将数据发回地面，均匀配置四颗这样的卫星，这能对全球的中、低纬度地区天气系统的形成和发展进行连续监测，但对高纬度（55 度以上）地区的观测能力较差，这两类气象卫星相互补充，便可得到完整的全球气象资料。

自 1960 年 4 月 1 日美国发射世界上第一颗试验气象卫星——“泰罗斯－1”号以来，俄罗斯、日本、欧洲航天局、中国和印度等也相继发射了自己的气象卫星。气象卫星通常是军民共用的，为了满足军事上的特殊需要，也有专门的军用气象卫星。美国和前苏联都发射过这类卫星，为全球范围的战略要地和战场提供实时气象资料，具有保密性好、图像分辨率高的特点。

地球资源卫星

地球资源卫星是用于对地球上自然资源进行勘测的人造地球卫星。卫星上载有多光谱遥感设备，获取地面物体辐射或反射的电磁信号，发送给地面接收站，接收站根据事先掌握的各类物质的波谱物性，对这些信号进行处理，从中得到各类资源的特征、分布和状态等信息。例如，根据农作物生长，成熟期的波谱特性，可估算农作物的产量，根据地表辐射特征，可以判断出地下的矿产资源等。

按照观测重点的不同，地球资源卫星可分为陆地资源卫星和海洋资源卫星。地球资源卫星采用太阳同步回归轨道。所谓回归轨道，是指卫星在地面投影点的轨迹出现周期性重叠，这样可以保证卫星

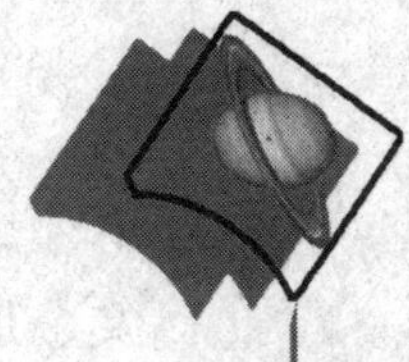

美国“陆地7号”地球资源卫星

在基本相同的光照条件下周期性的重复拍摄同一地面目标的图像。地球资源卫星的轨道高度为500～900千米，倾角为97度或99度，它以太阳能电池为主要能源，功率可达1000瓦以上。

地球资源卫星获取的遥感图像信息数据量较大，卫星上需要有专门的宽频带，高速率数据传输设备。因为卫星并不总是处在地面台站的接收范围内，所以卫星上设备有数据存储设备，待飞越接收站上空时将数据发回。

地球资源卫星能迅速、全面地提供有关地球资源的情况，对于发展国民经济有重要的作用，已广泛应用于农业、林业、海洋、水文、地质、探矿和环保等领域。

导航卫星

导航卫星，顾名思义，它为地面、海洋、空中和空间用户导航定位服务。自 1960 年 4 月美国发射第一颗导航卫星“子午仪”以来，世界各国发展了数十颗各种类型的导航卫星。现在它们正在为飞机、导弹、舰船等各种用户当“向导”。

科学卫星和天文卫星

它们可以帮助人们研究地球周围的空间、太阳和天体物理。其中天文卫星又分为以观测太阳为主的太阳观测卫星和以探测太阳系以外的天体为主的非太阳探测天文卫星、紫外天文卫星、X 射线天文卫星和 Y 射线天文卫星等。

此外，还有用于进行科学实验的生物卫星、拦截敌方卫星的反卫星、测地卫星、小卫星、绳系卫星等。人造卫星的种类远不止上面所说。世界各国对卫星的研制、发射正方兴未艾，我国也在急起直追，成绩斐然。

在以下的章节中，就让我们来集中目睹这些来自地球的天际明星们的绚丽光芒！

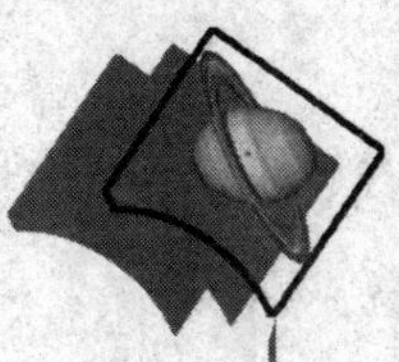

第二章　太空“间谍”——侦察卫星

【篇章页导语】

在军事卫星中，使用最广泛、数量最多的当属侦察卫星了，它们就像活跃在太空中的“间谍”，高瞻远瞩，明察秋毫，获取运用常规手段无法得到的宝贵情报。

第一节　从一份报告说起

侦察卫星由于数量多、发展快，成为卫星家族中数量最多的成员。那么它是如何崛起的呢？这要从一份秘密报告说起。

1946 年，美国政府的“智囊集团”兰德公司写给美国国防部一份秘密报告，提出如果一种飞行器加速到每秒约 8 千米，并能控制准确，那么，它将在地球大气层的上部，沿一条大的圆形轨道运行，成为一颗新的卫星。这样的飞行器绕地球一周约 1.5 小时（假定轨道高度为 200 千米）。报告中着重指出卫星具有侦察飞机的能力。

兰德公司提出的卫星，就是侦察卫星，常被人称为太空“间谍”。使用人造地球卫星对地面目标进行侦察，要比飞机侦察优越得多，其理由是：

1. 卫星在距地面几百千米（一般 150 ~ 700 千米）的高空中翱

兰德公司

翔，居高临下，视野广阔，一“眼”望去，能够侦察到地面的几千、几万平方千米的面积，而一张普通航空观测照片覆盖的地表面积仅为 10 多平方千米；

2. 卫星的飞行速度很快，它以 7.8 千米/秒左右的速度绕地球飞行，这样就能够在很短的时间内侦察到非常辽阔的地区；

3. 不受国界及地理条件限制，能获得其他手段难以得到的情报。

卫星侦察由于具有这些得天独厚的优点，引起了人们的高度重视，并在军事和国民经济等方面得到广泛应用。

20 世纪 50 年代初，美、苏两国为了获取对方军事情报，对卫星侦察的可能性进行了一系列探索。从1959年2月至1962年2月，美国进行了38次侦察卫星“发现者”的发射试验，其中23颗载有可回收的胶卷舱。

美国科技人员对侦察照片进行了分析，弄清了苏联洲际导弹及其他战略武器的数量和部署情况，使美国在与苏联进行武器谈判时占据了有利地位。

苏联不甘落后，暗暗与美国较量，50年代末至1963年秋，先后发射了9颗侦察卫星，用它监视美国、欧洲及全球。随后，苏联增加侦察卫星数量，使每年平均发射侦察卫星数量达30余颗。

侦察卫星，是利用光电遥感器或无线电接收机，搜集地面目标的电磁波信息，用胶卷或磁带记录下来后存贮在卫星返回舱里，待卫星返回时，由地面人员回收；或者通过无线电传输的方法，随时或在某个适当的时候传输给地面的接收站，经光学、电子计算机处理后，人们就可以看到有关目标的信息。

侦察卫星根据执行任务和侦察设备的不同，分为照相侦察卫星、电子侦察卫星、海洋监视卫星和预警卫星。

迄今，在已发射的数千颗人造地球卫星中，侦察卫星的数量几乎占1/3。这些侦察卫星主要为军事服务，如侦察别国的导弹核武器基地、海军基地、空军基地、兵工厂、弹药库、军营、交通枢纽和军事指挥控制中心等。

由此可见，侦察卫星就是窃取军事情报的卫星，它站得高看得远，既能监视又能窃听，是个名副其实的“超级间谍”。

【小链接】

侦察卫星之最

1. 世界上第一颗照相侦察卫星是美国的“发现者”号侦察卫星。它于1959年2月28日用“雷神－阿金纳A”运载火箭发射成功。卫星直径1.52米、长5.58米，分辨率2～3米，轨道为近地点165千米，远地点970千米，寿命5天，终止日期1959年3月5日。

2. 第一颗成功回收的侦察卫星是美国的“发现者13号”侦察卫星。它于1960年8月9日发射成功，在轨道上运行一天后，接收到地面指令控制，成功返回了地球，成为人类航天史上第一个回收成功的侦察卫星，其分辨率为15米。

3. 最早的无线电传输型侦察卫星是美国的“萨莫斯”侦察卫星。它于1962年1月31日发射成功。这种卫星用光电成像原理拍摄目标的图像，并变成电信号，记录在磁带上，当卫星飞临地面站上空时，用无线电传输方式发送回地面。

4. 最早的综合型照相侦察卫星是美国的“大鸟”侦察卫星。它于1971年6月15日发射成功，是美国第3代间谍卫星。它既可照相，又可进行电子侦察。它还可携带2个小卫星。发射时小卫星同母卫星一同进入母轨道，然后小卫星弹出，进入自己的轨道，分别执行自己的任务，其分辨率达300毫米。由于该卫星在研制期间十分保密，人们私下给它取了一个神秘的名字——“大鸟”。

5. 最先进的照相侦察卫星是美国的KH－12照相侦察卫星。它于1990年2月由航天飞机发射成功，卫星上装备有先进的数字照相机、CCD 高倍率大型光学成像望远镜、高度敏感的红外成像仪、监听微波通信信号和电话交谈信号的多波段情报接收电子装置等，其地面分辨率为 100 毫米，在低轨道的分辨率更是达到 40 毫米。

6. 世界上最早的全天候雷达成像侦察卫星是美国的“长曲棍球”雷达成像侦察卫星。它于 1988 年 12 月由航天飞机发射成功，卫星上装备有较大的雷达天线和发射机以及太阳能电池帆板，可透过云层、伪装和在夜间侦察地面上的目标，其分辨率高达 300 毫米，每秒可产生数十亿比特的原始数据。

美国长曲棍球侦察卫星

7. 世界上最先进的同步轨道电子侦察卫星是美国的“大酒瓶”侦察卫星。它是美国第 5 代新型静止轨道电子侦察卫星，1979 年开始研制，于 1985 年由航天飞机将第一颗卫星施放入轨，共发射了 5 颗。它的碟形天线长达 152.5 米，能够收集频率 100 兆赫 ~202 吉赫的所有信号，设计寿命 10 年，可全天候侦察。

8. 世界上最昂贵的照相侦察卫星是美国的 8X 照相侦察卫星。它是美国正在大力发展的新型照相侦察卫星，是 KH－12 的改进型，卫星上有光学传感器和合成孔径雷达等先进仪器，可保证卫星在任何气象条件下都能获得所需要的信息，而且可以观测更大的区域。

该卫星于1999年5月22日发射升空，其成本高达15亿美元，是目前世界上花钱最多的卫星。

第二节　现代“千里眼”

1964年10月16日，我国第一颗原子弹爆炸成功，然而这次核试验在20天前就有人预言了。9月29日，美国国务卿就发表特别声明，预测说“中国将在最近进行一次核爆炸试验”，并断定，如果进行试验，“美国是能够侦察到的”。

美国政府并未透露情报的来源，只是用“各种情报网”的词句一带而过。实际上，这正是刚刚使用的美国照相侦察卫星获得的。

自从侦察卫星诞生以来，哪里有军事行动，哪里就有它们的身影。那么，在茫茫太空中，这些高级“间谍”是如何窃取军事情报的呢？被誉为太空“千里眼”的照相侦察卫星功不可没。

照相侦察卫星是利用所携带的光学遥感器和微波遥感器拍摄地面一定范围内的物体产生高分辨率图像的卫星。主要用于战略情报收集、战术侦察、军备控制核查和打击效果评估等目的。这类卫星的高度一般为几百千米。它把目标的图像信息记录在胶片或磁记录器上，然后通过返回式卫星送回地面，或用无线电传输方式实时或延时传回地面。这些信息经过加工处理后，就能判读和识别目标的内容细节并确定其地理位置。

与一般的民用对地观测卫星相比，照相侦察卫星的最主要特点是地面分辨率较高，至少优于5米。为了提高分辨率，照相侦察卫星不仅需要先进的遥感器，而且卫星本身要运行在近地轨道，并进

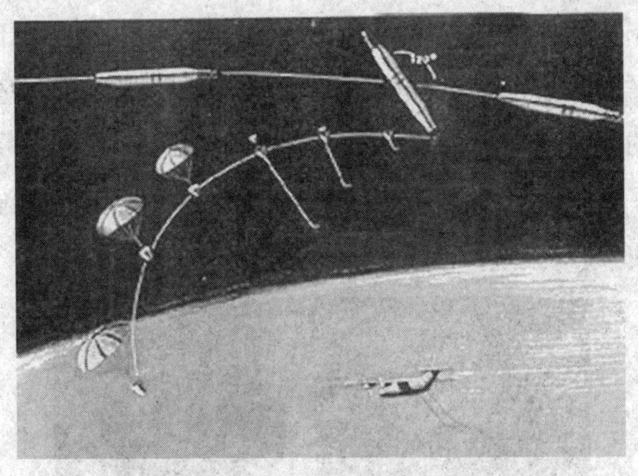

美国照相侦察卫星胶片回收过程

行高精度轨道及姿态控制，以保持所拍摄图像的清晰。

照相侦察卫星种类繁多，性能各异。

按星载遥感器的不同，可分为光学照相侦察卫星和雷达照相侦察卫星两类。光学照相侦察卫星作为一种重要的空间侦察手段，被喻于太空中的“眼睛”，它是利用光学成像设备进行侦察，获取军事情报的卫星。目前最好的光学照相侦察卫星所拍摄的图像可以分辨出汽车尾部的牌照。雷达成像侦察卫星则可以弥补光学成像侦察卫星的不足，其独特的穿透侦察能力，对于夜间和全天候监视非常有用。比较典型的是美国的“长曲棍球”系列。

按侦察信息送回地面方式的不同，可分为返回型和传输型。返回型是将拍好的胶卷存入回收舱中返回地面，其优点是图像分辨率高、直观，易于识别分析，缺点是回收不及时，容易贻误战机。传输型是先把图像信息记录在磁带上，当卫星飞到地面接收站的控制区时，将图像信息发送到地面，由地面进行处理、识别。它的优点是地面收到信息快，但图像分辨率不高。

按侦察能力可分为普查型和详查型 2 种。前者分辨率为 3 ~ 5

米，一幅图片的面积达几千到一两万平方千米，主要用于大面积监视目标地区的军事活动、战略目标和设施的特征以及对危机地区和局部地区的战略侦察；后者的分辨率优于2米，一幅图片可覆盖几十到几百平方千米，主要用于获取局部地区重要目标详细信息的战略和战术侦察。

美国的“锁眼”系列照相侦察卫星

美国从1959年开始研制照相侦察卫星。“发现者”号是第一代回收型照相侦察卫星。该卫星采用可见光照相和胶片舱返回的方式，从1962年美国开始KH（即keyhole“锁眼”）系列卫星研制计划。其中“科罗纳”计划的卫星KH-1、2、3、4为第1代，“氩”计划的卫星KH-5，“火绳”（又叫“牵索”）计划KH-6为第2代，“后发制人”（又叫“策略”）计划的卫星KH-7、8为第3代，“六角”计划的卫星KH-9（俗称“大鸟”）为第4代，“凯南/晶体”计划的卫星KH-11为第5代，“偶像”计划的卫星KH-12为第6代。

KH-1到KH-4均使用差别不大的全景式相机或画幅式相机，而KH-7以后的卫星所携带的遥感器则有了质的飞跃，对军事目标

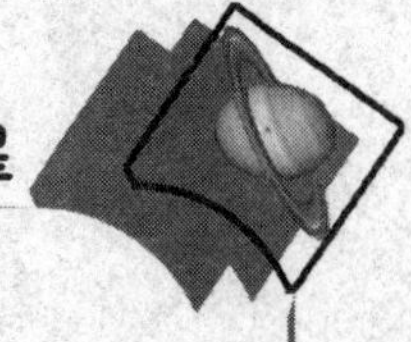

“发现者”侦察卫星照相舱回收示意图

判别有重要意义。

KH－7 是第一批真正的详查型卫星，每颗卫星用两个回收胶卷舱将胶卷送回地面，其分辨率为 0.5 米，工作寿命一般为 5 天；KH－8 是 KH－7 的改进型，该卫星除了有红外相机和多光谱扫描仪外，还装备了高分辨率测绘全景相机，分辨率达 0.15 米，而且卫星具有机动变轨能力，工作寿命达 30 天；KH－9 代表了美国光学照相侦察卫星向综合型侦察卫星发展的趋势，既能普查，又能详查。这种卫星兼有回收型和传输型两种工作方式，每颗卫星重 13.1～13.4 吨，装有多种遥感器，其中 4 个独立的胶卷回收舱用于传送分辨率达 0.3 米的详查信息，星上直径 6.1 米的展开式天线过顶传输普查信息，卫星工作寿命达 71～275 天；1976 年 12 月 19 日发射的第 1 颗 KH－11 卫星使美国获得了卫星实时侦察能力，KH－11 既能详查也能普查，普查时的分辨率为 1～3 米，详查时的分辨率可达 0.15 米。目前在轨运行的 KH－12 是 1990 年 2 月 28 日开始发射的，对地分辨率达 0.1 米。

继美国之后，苏联也于 1962 年 4 月 26 日成功发射了首颗照相侦察卫星“宇宙－4”号。迄今为止，前苏联光学侦察卫星共历经了 6 代。第 1～4 代为胶片回收型光学成像卫星，其中第 1～3 代的分辨率为 1～4 米，第 4 代采用两台相机，分辨力达到 0.3 米。第 5 代属可机动高分辨率传输型卫星，带有光电遥感仪（CCD 相机），使卫星具有实时侦察能力，重约 6700 千克，其地面分辨率大于 3 米，是类似于 KH－11 的普查卫星。第 6 代照相侦察卫星装有高性能的光学系统及供实时数字图像传输的现代电子设备，可提供实时数字图像，具有多次变轨能力，可降到 150 千米高度清晰拍照，它也可以抛下回收型胶卷舱，具有双重功能。

目前，法国、德国、意大利、西班牙和英国等欧洲国家正在合作研究多种侦察卫星系统，建立自己的侦察卫星体系，旨在 21 世纪成为世界上第三军事空间集团。另外，日本、以色列、印度等国也在建立本国的侦察卫星体系。

【小链接】

照相侦察卫星辨影识凶

目前，反恐特警们遇到的最大障碍是找不到那些隐匿的恐怖分子。因为不少恐怖分子的大本营都建立在偏僻的荒原或沙漠地区，寻找起来十分艰难，而用卫星来进行监控就方便得多。美国航宇局正在研制的一种新型侦察卫星，就可以利用计算机系统对地面影子的移动进行搜寻，并通过分析影子的移动方式来识别个体身份。

通过人影判定嫌疑人身份的卫星正是照相侦察卫星。它利用照相机、摄像机或其他成像装置，对地面摄影以获取信息。获取的情报通常记录在电脑硬盘或者专用的存储器上，通过回收舱回收或接收无线电传输的图像获取信息，经加工处理后，判读和识别目标的性质，并确定其地理位置。而目前世界上最先进的照相侦察卫星——美国的 KH－12 "高级锁眼"便可识别地面上不同人的影子。

反恐特警接收来自卫星的监控信息

那么，侦察卫星如何在茫茫的沙漠上找到特定的目标呢？照相侦察卫星安装了特定的计算机软件，这可让它的监测变得有针对性，它们可以对一般的目标视而不见，专心致志地搜索地面上那些人影。一旦发现有人影，高精度摄像机就启动，从不同的方位对影子进行摄影。人影为何能和人的身份联系起来呢？这是因为人的步态和影子的步态是完全一致的，不同人的影子的步态不会完全相同，分析影子的步态就可以发现影子主人的"真面目"。美国科学家称，他们已经开发出一套计算机软件，该软件可以从太空录像中搜出并识别每个人的影子。

通过影子识别真凶的核心技术是步法分析，其依据就是任何人都有自己风格的走路方式，很难模仿和伪装。步子的长短，走路的速度，臂部的摆动，膝盖、脚踝的弯曲程度等等一系列微小的步态差别，都能帮助识别个体身份。

当然，通过侦察卫星拍摄到的人影识别恐怖分子的技术仍处于早期研究阶段。要想真正应用于军事、警察以及情报机构，仍需几年时间的努力。

第三节　空间的窃听器

常规战争中，敌对双方常通过俘虏对方人员等较为传统的方式来了解对方战术意图、兵力部署及武器装备等情报。随着航天技术的发展，空间窃听器——电子侦察卫星的出现，让人们可以获取许多常规手段难以获得的敌方情报。

1984 年 4 月 17 日，在伦敦发生了利比亚人民办事处用轻机枪扫射游行队伍的事件。这个事件的发生是有先兆的。据美国 ABC 电视台透露，事件发生前，利比亚政府曾指示利比亚驻伦敦人民办事处，“不能坐视反卡扎菲的示威游行”。

美国很快就知道了这个指示，并通报英国政府，但在得到确切的情况之前，枪击事件就发生了，一名女警察被打死，许多参加游行的人负了伤。

窃听这个“指示”的是正是美国电子侦察卫星。它监听了利比亚政府和驻伦敦人民办事处之间的电话。由此可见利用侦察卫星进行情报战的作用。

在太空遨游的电子侦察卫星是窃听能手，它利用捕获无线电波的方式来获取情报。电子侦察卫星的任务主要有：①确定敌方地面

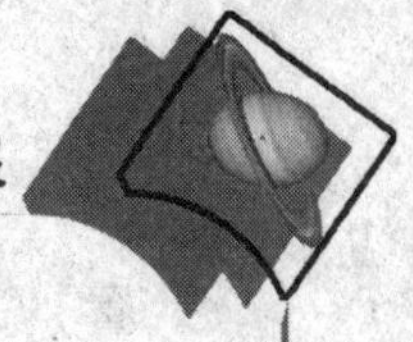

电子侦察卫星

防空雷达和反导弹雷达的精确位置，以便使轰炸机或弹道导弹不被雷达发现和跟踪；②确定敌方军用电台的位置和信号特性，以便战时将其摧毁掉，而更重要的任务在于平时窃听军事通信中的重要情报。

通常，雷达或军用电台的工作频率属高频段，因此，它的作用距离有一定限制。一个幅员辽阔的国家，为了保卫本国的安全，在远离疆界的腹地往往要布设许多防空雷达。

如果在国外用舰船或飞机等一般的方法测量敌方防空雷达的位置和特性，那是极为困难的，甚至无法办到。但是，如果用卫星去侦察，就能打破国境线的障碍，大摇大摆地测定敌方雷达的位置和特性。

电子侦察卫星窃听方式比较巧妙。当卫星经过敌方上空时，卫星上的磁带迅速地录下雷达信号和其他电磁辐射源，然后在自己国土地面站上空又把磁带记录信号“快手快脚”地输送到地面站，经过地面分析、研究或破译，就能掌握敌方地面雷达的位置和特性，从而偷偷窃听到许多敌方重要信息。

电子侦察卫星在太空飞行的轨道，近地点（距地心最近时的位置）高度300～500千米，因此，窃听能力很强。它与照相侦察卫星一样，具有普查型和详查型两类。

普查型“窃听能手”，用来对敌方地面大面积侦察，测定地面雷达的大致位置，窃听地面雷达的工作频段。详查型“窃听能手”，用来捕获感兴趣的雷达特征和电台信号的详细情报，用搜索型超外差接收机窃听地面的无线电信号。

目前，多数电子侦察卫星既能作一般监视，对地面进行普查性窃听工作，又能对地面各种无线电信号进行搜索和窃听，一颗卫星身兼普查和详查两种功能。

电子侦察卫星不受地域和天气条件的限制，可大范围、长期注视和侦察，获得时效性强的情报，因而已成为当代战略情报侦察中必不可少的手段。美、俄、法、英都已发射过这种卫星，但以美国的卫星功能最强。

美国现已发展了4代电子侦察卫星，目前使用的第四代卫星主要有“水星”、“军号”、“顾问”和“命运三女神”。

“水星”是准同步轨道电子侦察卫星，主要用于通信侦察，不但能侦听到低功率手机通信，还可收集导弹试验的遥控信号和雷达信号等在内的非通信电子信号。

“军号”，重6吨，吸收了当今军用航天系统中曾用过的先进电子、天线和数传技术。装有复杂而精细的宽频带相控阵窃听天线，展开后直径约914米，可同时监听上千个地面信号源，包括俄罗斯与核潜艇舰队之间的通信，还携带有高频中继系统，使美军电子侦察能力跃上了新台阶，获得了近似连续信号情报的侦察能力，可在夺取制信息权方面发挥较大作用。

“顾问”与“军号”、“水星”一样，也是用于通信侦察的准同步轨道卫星，但“顾问”、“军号”由美国空军和中央情报局联合操作，而“水星”由国家侦察局主管。

“命运三女神”是低轨道电子侦察卫星，用于侦察雷达等电子设备的无线电信号。工作时，以 3 星为一组，组内卫星相互间保持约 50 千米的距离，这样，用 4 组便能完成全球连续监视。

美国现还在使用一种第 3 代电子侦察卫星，名叫“猎户座”，用于 24 小时不间断侦收亚洲国家的通信信号，以获取政治、军事等信息。其数据比照相侦察的图片潜在价值更高。

与美国相比，俄罗斯电子侦察卫星正日益衰落。由于经济衰退和火箭故障等原因，其“处女地－2”电子侦察卫星只在 1998 年和 2000 年各发射了 1 颗，无法组成星座。其“电子情报型海洋侦察卫星计划”（EO－RSAT）也因军事航天计划的缩减受到冲击。

实战表明，用电子侦察卫星可发现入侵迹象，为决策当局提供预警时间，支援打击重要的军事或政治目标，掌握雷达等电子装备的布防情况；辅助弹道导弹预警工作，评估打击效果和第三国的介入程度，为战略决策提供依据。

为此，美国还拟研制新的电子侦察卫星，主要是发展功能强大的高轨道大型卫星和分辨率非常高、发射灵活的低轨道小卫星星座。卫星轨道越高，地面覆盖就越宽，时效性也越好，但要求侦收机灵敏度更高。

美国正研究的“入侵者”准同步轨道卫星，是美国“集成化过顶信号侦察体系”（IOSA）的组成部分，是利用天基网的发展思路和新的设计观念研制的新一代大型电子侦察卫星，目的是提高电子侦察质量，降低系统成本。它具有多轨道能力，可代替目前的同步轨道和大椭圆轨道卫星，并集通信情报和电子情报于一身。

在现代战争中电子战、信息战占据了重要位置，所以电子侦察卫星的应用前景不断扩大，但其有效性也受到加密技术、地下通信网等的挑战。敌方还可采用反卫星武器、配备诱饵设备、提高雷达机动性等措施，来对抗电子侦察卫星。

第四节　太空“哨兵”

人们面对突然来袭的核导弹，除了迅速钻进防空洞之外，更积极有效的措施是在导弹飞行途中进行拦截，将它击落。但是拦截导弹说来容易，做起来难。无论是消极躲避还是积极防御，都要争取一个预警的时间，即从发现导弹来袭到导弹命中目标的时间。为了取得较长的预警时间，世界各国都在研究和制造洲际导弹预警系统。

美国为了对付苏联的洲际导弹，早在 20 世纪 60 年代初，就用了 5 年时间建成了“北美弹道导弹预警系统”。但是，由于地球曲面的阻挡，只有当导弹爬高到 250 千米高空时，雷达才能探测到目标，预警时间仅 15 分钟，这对处于一级战备的战略空军和导弹部队，也许还来得及应战，但对全国军队进入临战状态、城市居民疏散隐蔽，显然来不及。

人造卫星上天后不久，人们开始研制导弹预警卫星。60 年代初，美国开始发射预警卫星。这种卫星在人们头上日夜奔忙，监视着不平静的地球。卫星上配置的红外探测器对导弹喷焰非常敏感。它能在千里之外遥“看”导弹的发射，并把核袭击的危险信息及时发回地面防空中心，可以赢得半小时宝贵的预警时间。

大家知道，一切物体只要温度高于绝对零度（即零下 273 摄氏度），都会辐射肉眼看不见的红外线。当洲际导弹的发动机点火后，由高温气体形成的喷焰将产生强大的红外线辐射。卫星上的红外探测器能在导弹发射后几十秒钟内向地面站报警。不过，早期的预警卫星会把高空云层反射的太阳光当作导弹尾焰的红外辐射，而误认为是一次大规模的核袭击。这样的事情，在美国就发生过，曾造成一时的混乱。

为了消除虚警，人们在预警卫星上同时配上高分辨率远视镜头的电视摄像机，当红外探测器探测到导弹喷焰时，立刻控制电视摄像机自动地拍摄目标区域的图像，于是地面站的电视屏上以每秒1～2帧的速度，显示出导弹喷焰的运动图像。根据喷焰在不同高度上的不同形状，就可判断是否真有导弹来袭，并可粗略地测出导弹主动段的飞行轨迹。

导弹喷焰辐射的红外线波长，主要在2.7微米左右，因此目前卫星上的红外探测器多采用硫化铅探测器阵列。它由约2000个单元器件排列而成，最敏感的波长为2.7微米。当卫星在3.6万千米高的地球同步轨道上运行时，整个红外探测器阵可"看"到地球表面的40%。

1960～1966年，美国先后发射了12颗"米达斯号"试验型预警卫星。1966年底至1970年9月，美国又发射41颗新型预警卫星，作为部署工作型卫星之前的过渡性措施。从1970年11月开始，美国实施综合导弹预警系统计划即"647计划"，在地球静止轨道部署工作型卫星。该系统1972年投入使用时只有2颗卫星，后来又发射多颗卫星进行完善和卫星的更替。一般情况下，该系统由5颗647卫星、2个大型地面站和简化处理站组成，其中3颗卫星工作，2颗备用。工作卫星能在导弹发射后90秒内向地面接收站传送警报信息。分别定位于赤道上空3.6万千米，依次为东经60度、西经0度和西经134度的3颗工作卫星组成的预警网，已观测到美、法等国数以千计的从地面和潜艇上进行的导弹发射。在1991年的海湾战争中，美国爱国者导弹以较高的命中率拦截了伊拉克的飞毛腿导弹，这种预警卫星起了很大作用。

美国于70年代初将“国防支援计划”（DSP）导弹预警卫星送上太空，至今DSP卫星已发展到第3代。第1代共发射了7颗，第2代共发射了8颗，从1970年11月开始陆续发射第3代DSP卫星，迄今共发射了18颗。第3代DSP卫星系统采用地球同步轨道，DSP－Ⅲ卫星重2360千克，设计寿命9年，外形为长10米，直6.74米的圆柱体，首颗卫星于1989年6月14日发射。

美国第3代导弹预警卫星

随着苏联的解体，导弹威胁已发生了改变，美国认为虽然来自俄罗斯或中国的洲际弹道导弹攻击的可能性仍然存在，但已不是主要的威胁，取而代之的是来自所谓“无赖”国家和恐怖组织的带有核生化弹头的战区弹道导弹的攻击。因此，需要改进现有的预警系统，美国的“天基红外系统（SBIRS)”就是为此而研制的，它将取代现有的"国防支援计划（DSP）"卫星系统，为美国部队提供更准确、更及时的弹道导弹预警。天基红外系统由美国空军研制，它也是美国"国家导弹防御（NMD）系统"的一个组成部分。

007 年 11 月 10 日，一枚"德尔塔 4"型火箭从美国佛罗里达州卡纳维拉尔角肯尼迪航天中心发射升空。这枚火箭把美国导弹防御计划的导弹预警卫星送入太空。

与"国防支援计划"卫星相比，"天基红外系统"卫星将能完成更多的任务，包括导弹预警，为防御导弹指引目标，提供技术情报和战场态势信息等。

与美国相比，俄罗斯的导弹预警卫星计划起步稍晚，于 1967 年开始发射预警卫星，大部分采用大椭圆轨道，远地点在北半球，轨道高度约 4 万千米，近地点在南半球，轨道高度约 600 千米，卫星运行周期约 12 小时，其中 8 小时位于北半球上空，如要提供 24 小时监视，需在这样的轨道上等距离部署 3～4 颗卫星。俄罗斯目前已有 9 颗大椭圆轨道预警卫星在轨工作，已形成对美国全境洲际导弹发射场的全天时覆盖，其预警能力与美国相当。1975 年以后俄罗斯也开始发射同步轨道预警卫星，目前也有 9 颗卫星在轨，工作寿命 4 年以上。

苏联第 1 代导弹预警卫星“眼睛”

俄罗斯的导弹预警卫星主要由两个系列组成，分别是“眼睛”和“预报”系列，其中“眼睛”系列计划采用 9 颗卫星组网工作，轨道面间隔 40 度，下发频率在 2274～2304 兆赫之间。20 世纪 90 年代以来，由于俄新卫星的发射未能及时弥补旧卫星的退役，致使“眼睛”系列在轨工作的卫星数量大为减少，目前仅有 2 颗“眼睛”系列卫星在轨工作，都为 2002 年新发射，已无法对北半球大部分国家和地区实施 24 小时不间断的覆盖，但仍然有一定的预警能力。而俄“预报”地球同步轨道导弹预警卫星采用 4 星组网工作模式，主要监视来自美国东部和欧洲大陆的陆基导弹以及来自大西洋的潜射导弹对莫斯科构成的威胁。这种组网模式可以形成横贯美国东海岸至中国东部的导弹发射监测带，与设计中的 9 星大椭圆卫星组网模式相互补充，进一步提高导弹预警能力。

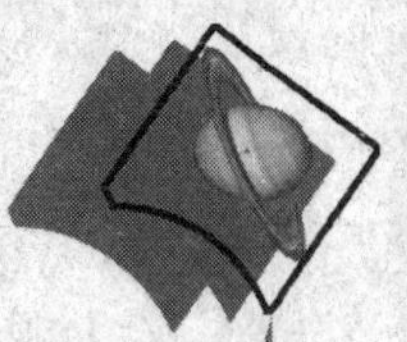

俄罗斯"预报"号导弹预警卫星

冷战结束后，美俄两国导弹预警卫星发展逐步走向合作，共享双方预警卫星所得的数据，为卫星技术改进创造了良好的条件。由于预警卫星投资相当巨大，法、日、英、德等国难以单独发展卫星预警系统，因此，今后卫星预警发展将趋向国际化合作的道路。

第五节 "大洋密探"

素有"大洋密探"美称的海洋监视卫星集电子侦察、成像侦察、对舰船等运动目标定位于一身，是探测、跟踪、定位、识别和监视海上舰艇的“大腕”（包括探测水下核潜艇）。此外，它还能跟踪和监视低空飞行的巡航导弹，为己方舰船的安全航行提供海面状况等海洋数据。

尽管同样是监视雷达信号和无线电通信，但以监视海洋为目标的海洋监视卫星与以监视陆地为目标的电子侦察卫星还是有以下差别：海洋监视卫星具有战术侦察性质，因为海上目标经常是运动的，所以卫星须实时传输与分析数据，而电子侦察卫星可实时也可延时传输与分析；海洋监视卫星监视的地区占地表面积大，故卫星轨道均较高，以便覆盖更大面积，而电子侦察卫星的轨道较低；海洋监视卫星的工作方式有主动型和被动型两种，而电子侦察卫星主要采用被动型。

按所携带的侦察、监视设备的不同和采用侦察手段的不同，海洋监视卫星大体可分为成像型和电子型，成像型可分为可见光成像、红外成像和微波成像等；电子型可分为被动无源的电子型侦察和主动有源的雷达型侦察。其中，电子型主要用于测定海洋目标的位置、航向和航速，成像型则可更加详细地获得目标的外观、用途等信息。二者结合，则使由海洋监视卫星组成的目标监视系统成为可对动态目标快速定位，具有可见光、红外、微波等多种侦察手段的复杂系统，大大增强其对情报的侦收、处理和传输能力。

海洋监视卫星是20世纪70年代发展起来的先进卫星技术。前苏联是世界上最早发展海洋监视卫星的国家。世界上第一颗海洋监视卫星是前苏联1967年12月27日发射的“宇宙－198”卫星，这是一颗雷达型海洋监视试验卫星（US－A）。从1974年起，苏联开始发射电子侦察型海洋监视卫星（US－P）。这两类侦察卫星均混编在“宇宙”号卫星系列中。后来，由于带有热离子核反应堆的US－A卫星两次坠入大气层，前苏联不得不停止发射这种卫星，而全力发展采用双星组网工作方式的US－P卫星。截至1997年底，US－P卫星已发射了46

颗，其中 24 颗属于基本型，后 22 颗属于改进型（US－PM）。

美国海洋监视卫星结构组件

美国从 1971 年 12 月开始发射"一箭四星"的试验电子侦察型海洋监视卫星。1976 年 4 月发射正式使用的第一组"白云"号电子侦察型海洋监视卫星，1977 年和 1980 年又各发射第二、三组。目前，美国正在执行"联合天基广域监视系统"计划，该计划由"海军天基广域监视系统"和"空军与陆军天基广域监视系统"合并而成，兼顾了空军的战略防空和海军海洋监视的需求。美国在发展"白云"系列的同时，也开展了代号为"飞弓"的雷达型海洋监视卫星的研制工作，并曾执行了"海军海洋遥感卫星计划"，试图使用一种重量更重、倾角更大的卫星，以同时满足国防和民用需要。

到目前为止，只有美国和俄罗斯这两个军事强国利用海洋监视卫星组成了实用型的卫星海洋目标监视系统。但印度、法国、日本等国家也已经有了海洋监视卫星，其他一些国家也正在积极研制之中。

第三章　太空“信使”——通信卫星

【篇章页导语】

在人造卫星的大家族里，成熟最早、应用最广的，要算是通信卫星了。它向你通报世界各地的最新信息，给你带来五彩缤纷的电视节目，令你欣赏文艺表演和体育比赛，让你获得知识和增长才干！

第一节　克拉克的设想

自从19世纪末发明了无线电通信后，人类的通信发生了翻天覆地的变化。起初人们用手按动电键来拍发电报，传递各种各样的信息，后来又有了无线电话，它又变为人们重要的通信手段之一，现在已经可以直接传送各种实时的图片和照片，军事指挥员可在电视屏幕前，直接了解相距很远的战地实况，实现正确指挥。无线电的波段也随着科学技术的进步逐渐扩展，短波、中波、长波等不同波段都在通信中得到应用。特别是微波通信的发展，大大提高了通信容量和质量。但微波是一种直接传播的空间波，在地面上的作用距离虽然可以采用把天线架高和建立陆地中继站等办法解决，但要跨越茫茫的海洋和崎岖的高山，成了难题。

英国有一位富有远见卓识的工程师克拉克，他发现在距地球

35860 千米的地方，存在一条可使卫星相对地球保持静止不动的轨道，这就是现在人们常说的静止轨道。

克拉克已经意识到，这个特殊的轨道是部署全球通信中继站的理想之地。1945 年 5 月 25 日，克拉克向英国行星际学会呈送了一份报告，详细阐述了他的大胆设想，他提出：如果在这条特殊轨道上等距离地配置 3 颗卫星，组成全球通信网，就可以为地球上除两极之外的任何地方提供通信服务。这是一个大胆的设想，也是一个划时代的设想。当然，由于当时的科学技术水平不可能把卫星送到远离地球 35860 千米的地球静止轨道上，所以，这个设想当时还不能实现。大约过了 20 年，航天技术的发展，使克拉克提出利用卫星通信的理想，才开始变为现实。

在 20 年间，人们孜孜不倦地探索各种通信手段。如 1954 年 7 月，美国海军利用月球的反射特性，进行了无线电话的传输试验，并于 1956 年开通了华盛顿和夏威夷之间的通信业务，但由于月亮远离地球达 38 万余千米，电波空间损耗太大，没有实用价值。以后虽然美国又继续发射了“回声 1 号”和“回声 2 号”等卫星，进行无源通信卫星试验，终因这种卫星的反射信号未被“增音”放大，地面接收到的反射信号太微弱，要求地面站设置大功率发射机和高灵敏度接收机，给实际使用带来困难而停止试验。

1958 年 12 月美国发射“斯科尔”有源试验通信卫星，这颗卫星重 73 公斤，低轨道，用化学电池供电。其通信方式，是由地球站将信号发送到卫星上去，卫星上的磁带机把信号记录下来，然后再向地面播放。由于信号经过磁带的记录转放，有时间延时，所以也叫延迟接力通信。

从 1962 年 7 月到 1964 年 1 月，美国先后发射了移动轨道实时有

通信卫星

源通信卫星“电星”1号和2号以及“中继”1号和2号。它们不仅用来进行电话、电报和传真等试验，而且第一次用来转播电视，效果良好。但由于卫星可供通信的时间很短，实用价值不大。

随着火箭技术和制导技术的进一步发展，卫星的地球静止轨道定点技术也很快地被突破。1963年2月14日，美国发射了试验型的第一颗同步轨道通信卫星，但由于卫星上设备失灵，无法进行通信。同年7月26日又发射了第二颗静止轨道通信卫星。遗憾的是，卫星送入地球同步轨道后，它的轨道平面与地球赤道平面之间的夹角不是零度，所以它的星下点在地面上划出了一条呈“8”字形的轨迹。尽管如此，由于这颗卫星大致保持在东经63度的印度洋上空，与同期发射的“中继”1号移动轨道卫星相配合，仍能为南美洲巴西、非洲尼日利亚和美国新泽西州的部分地区之间进行通话和电视传输试验。

1964年8月19日，美国终于发射成功第一颗静止轨道的通信卫星“辛康3号”，定点于东经162.5度的赤道上空。美国曾利用这颗卫星为欧洲和北美转播了当时在日本东京举行的奥运会开幕式的实况。肯尼迪遇刺的特大新闻也迅速通过这颗卫星传播到欧洲和日本。在美国对越南的战争中，这颗卫星还承担过军事通信指挥任务。从此，卫星通信的巨大潜力引起了各国有关部门的重视，通信卫星得到了迅速发展。

地球同步轨道通信卫星的特点之一是固定在太空。它位于地球赤道上空，以3.075千米/秒的速度自西向东绕地球作圆周运动，绕地球一周的时间为23小时56分4秒，与地球自转一周的时间恰好相同。因此，从地面上看去，它好像“挂”在空中静止不动，所以，它又称静止卫星，其轨道也称静止轨道。这种“静止”特点，使地球站的天线不必为跟踪卫星而摇头晃脑了。

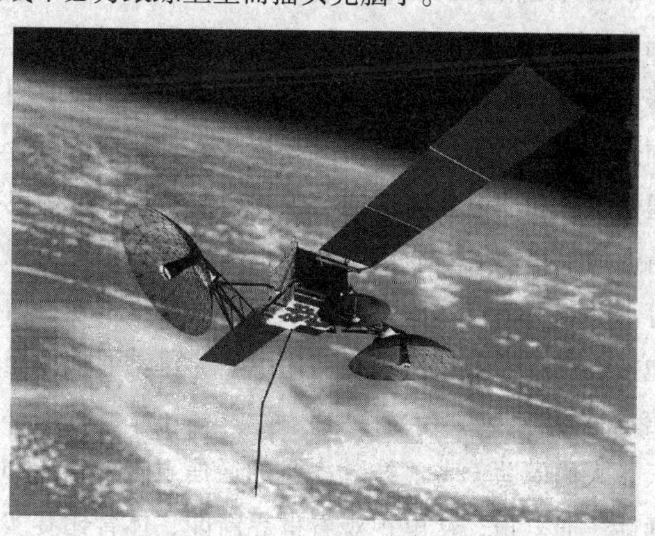

美国先进的第2代跟踪与数据通信卫星

地球同步卫星的特点之二是高高在上。它距地面35860千米，地面上能“看见”它的区域就大了，因此，电波覆盖的面积也就大了。一颗地球同步卫星覆盖面积为1.7亿平方千米，约为地球表面的1/3。电波覆盖面积大，意味着通信距离远。在覆盖区内，无论是地面还是天空，也无论是海上还是山谷，都能通行无阻地进行通信。如果在地球同步轨道上均匀地安置3颗通信卫星，便可以实现除南北两极之外的全球通信了。

通信卫星按其业务涉及的范围可以分3类：国际通信卫星、区域通信卫星和国内通信卫星。国际通信卫星是主要经营国际电信业务的通信卫星，其中最著名的是国际通信卫星组织所经营的国际通信卫星（INTELSAT），它们代表着世界卫星通信产业发展的典型历程；区域通信卫星是某个地区的多个国家共同使用的通信卫星，如亚洲卫星、亚太卫星等；国内通信卫星是用于覆盖本国领土的通信卫星。由于国内通信卫星建造费用较低，投入运行周期短，是建立国家基础电信网络“快、好、省”的重要手段，因此颇受发展中国家的青睐，截至目前，除发达国家外，已有许多发展中国家建立了自己的国内通信卫星系统。通信卫星按其运行轨道，可分为地球静止轨道通信卫星和非静止轨道通信卫星；按用途可分为电视广播卫星、海事通信卫星、航空通信卫星、跟踪和数据中继卫星、军用通信卫星等。随着卫星技术的不断发展，通信卫星家族也增添了新的成员，包括电视直播卫星、音频广播卫星、移动通信卫星、低轨道移动通信卫星等。

今天，人们借助于高“挂”太空的通信卫星，就能和远隔重洋的亲人通话、通电报，从电视观看世界新闻、体育比赛实况，传输报纸整个版面，传送各种数据资料；医生给万里之遥的病人诊断、

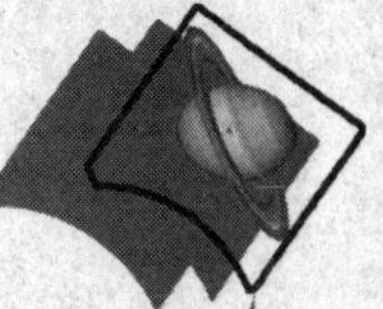

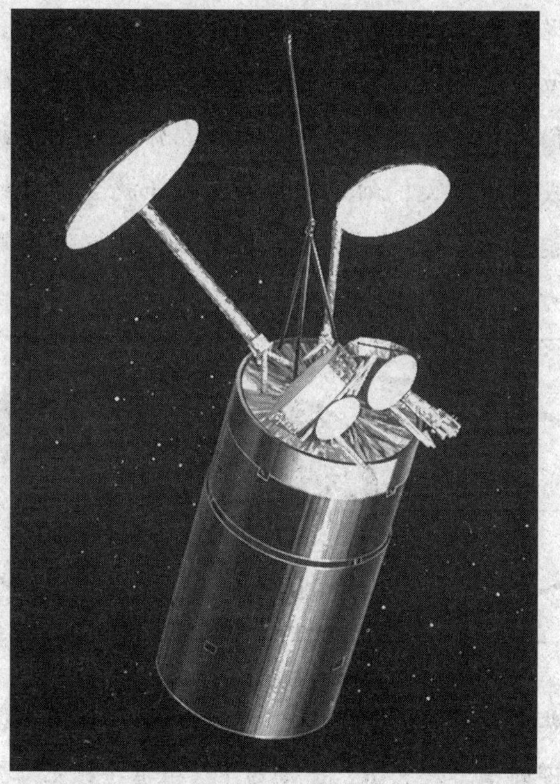

国际通讯卫星

开方；老师可以给成千上万的人们进行科学技术的讲授；部队首脑可以指挥千里之外的战争……总之，通信卫星给人类的社会活动和日常生活带来非常大的变化，给千家万户带来欢乐。

【知识链接】

为何静止轨道只有一条？

地球静止卫星的轨道，叫静止轨道，它是位于赤道上空约36000千米处的一条圆轨道．你知道它是怎样计算出来的吗？这种轨道为何只有一条呢？这是十分有趣的问题。

你也许做过这样的实验：用细绳的一端绑上一块小石子，当你连续甩动它们时，石子就作圆周运动，在你头顶上空旋转。你如果松开绳子，或用力过大，细绳被拉断，石子就会沿直线飞走。当石子绕你头部旋转时，细绳一直把它往里拉，使它做圆周运动，这种力叫做向心力。

地球静止轨道示意图

大家都熟悉质量为 m 的物体，在向心力 F 作用下，将沿一圆周均匀运动。设圆周半径为 R，速度为 V，根据牛顿第二定律，则有

$$F = mV^2R \tag{1}$$

人造卫星在地球引力作用下又如何绕地球运动呢？假如我们不考虑地球形状的大小，把它作为一个质量集中在地心的质点来看待，同时忽略作用在卫星上的其他力（月球引力、大气阻力等），那么，圆轨道的卫星也是作匀速圆周运动。由万有引力公式可知

$$F = GmMR^2 = kmR^2 \tag{2}$$

这里 $k = GM$（G 为引力系数，M 为地球质量），对地球来讲，它是一个常数。将式（2）代入式（1），可得

$$V^2 = kR \tag{3}$$

它就是卫星在圆轨道上的速度公式。这个速度也称为环绕速度。

公式（3）表明，环绕速度仅与卫星到地心的距离 R 有关，这就是说卫星沿圆轨道运动时，其轨道速度由卫星的高度来决定，每一个高度都对应有一确定的速度值。例如在地球表面处，由于 R 等于地球半径6371千米，代入式（3）可求得 $V=7.91$ 千米/秒，这是地球表面处的环绕速度，也就是大家熟悉的第一宇宙速度。

卫星要想作圆轨道运行，它的速度必须等于在该高度上的环绕速度。这就是说，要想发射圆轨道卫星，就必须控制好入轨点的速度，使它正好等于该入轨点高度上的环绕速度。否则，卫星轨道就不可能保持圆形，而变成椭圆或其他形状的轨道。

当我们知道了圆轨道卫星速度，运转周期就很容易求出。设卫星绕地球一周所需时间为 T，则有

$$TV=2\pi R$$

即

$$T=2\pi RV=2\pi R^{3}k \tag{4}$$

由公式（3）和（4）可以算出不同高度 h 所对应的环绕速度 V 及运转周期 T。几个高度的计算结果如下表：

h（千米）	0	1000	5000	35860
V（千米/秒）	7.91	7.35	5.92	3.075
T（时:分:秒）	1:24:21	1:44:58	3:21:7	23:56:4

由上表可看出，轨道越高，环绕速度越小，而运转周期越长，这是因为在较高的轨道上卫星受到的引力较小，而且引力的下降比高度的上升要快得多的缘故。

地球静止卫星的运动与地球自转同步，也就是说卫星的运转周期等于地球的自转周期（即23小时56分4秒，约为24小时）。把

它代入公式（4）和（3），可求得对应的高度为35860千米，环绕速度为3.075千米/秒。卫星在赤道上空这样的高度上以这样的速度作圆周运动时，它将随着地球一起绕地轴旋转，而且两者转动角速度相等。

由此可见，地球静止轨道必须满足3个条件：①高度 $h=35860$ 千米；②轨道为圆形，即卫星速度等于环绕速度3.075千米/秒；③轨道位于赤道上空，即轨道倾角（卫星轨道平面与赤道平面的夹角）$i=0$。卫星沿这样的轨道飞行时，就能保持时刻与地球自转同步，即相对地面静止不动。

由于上述这三个条件确定了一条唯一的轨道，因此说，地球上空的静止轨道只有一条，不可能有许多条。

静止轨道只有一条，这就决定了这一轨道资源十分宝贵。航天时代早期，由于卫星技术比较落后，卫星间的信号干扰较大，因此曾一度认为静止轨道卫星的间隔必须在1度以上，这就是说静止轨道上最多只能布置360颗卫星。随着卫星技术的提高，特别是信号定向技术的提高，静止轨道卫星的间隔可以相应缩短，这样静止轨道卫星发射和定点数量可以增多，轨道资源也就不那么紧张了。

第二节　并非一星之功

通信卫星系统一般由通信卫星、地球站和地面指挥控制中心组成。通信卫星又包含哪些呢?

从外观上看，通信卫星的模样是各式各样的。它们有的是球形，有的是圆柱形，有的是方形，还有的是多面菱形。具体到某一颗卫星，选择什么形状好，往往取决于卫星采取哪一种稳定方式。采用自旋稳定的卫星，因为要像陀螺一样旋转，所以大多选择圆柱形或球形。像“辛康3号”、“国际通信卫星”1—4号和6号，以及我国的“东方红2号”等，由于采用的都是自旋稳定方式，所以它们都选择了圆柱形。而采用纵向、横向和轴向旋转都加以控制的三轴稳定方式的卫星，则多选择六面体的箱形外观，像“国际通信卫星5号”和我国的“东方红3号”等。

虽然外观千差万别，但通信卫星的“内脏”却大同小异，都包括通信转发器、通信天线、无线电遥控遥测系统、控制系统、电源供给系统、温控系统、跟踪系统、结构系统和远地点发动机等。它们各自又由许多部分组成，如通信转发器由11个部件组成，构成一个完整的接收、放大、变频和发射系统。通过天线接收来自地面发出的微弱信号（称上行），经变换和放大（信号放大倍数约2万倍），然后经通信天线再发回地面（称下行），它的任务形象地说就是一个传话筒。通信天线是微波天线，其作用是接收和发送电波信号，它分宽波束定向天线（波束宽度为17度左右）和窄波束定向天线（波束宽度小于17度，常用4.5度）两种，分别用于全球通信和区域通信。它工作过程中，必须对地面定向，以保证通信业务顺利进行。

然而，卫星在运行中由于受到外界因素的干扰，譬如，地球引力和磁场的变化，太阳辐射粒子的作用，以及日、月引力的影响等，卫星的姿态和位置将会发生变化。控制系统的作用就是实施姿态控制和位置控制，以使卫星既能保持让通信天线指向地面的最佳姿态，又能保持在预定的位置上。无线电遥控遥测系统专门和地面指挥控制中心相联系，它一方面将卫星各部分（电源、温度、姿态等）工作状态，变成电信号报告地面指挥控制中心，另一方面接收地面指挥控制中心发出的指令，调整卫星的工作状态。电源系统由太阳能电池和蓄电池组成，源源不断地向星上电子设备输送足够的电能。温度控制系统则是为星上设备和燃料造成一个温度相宜的环境。

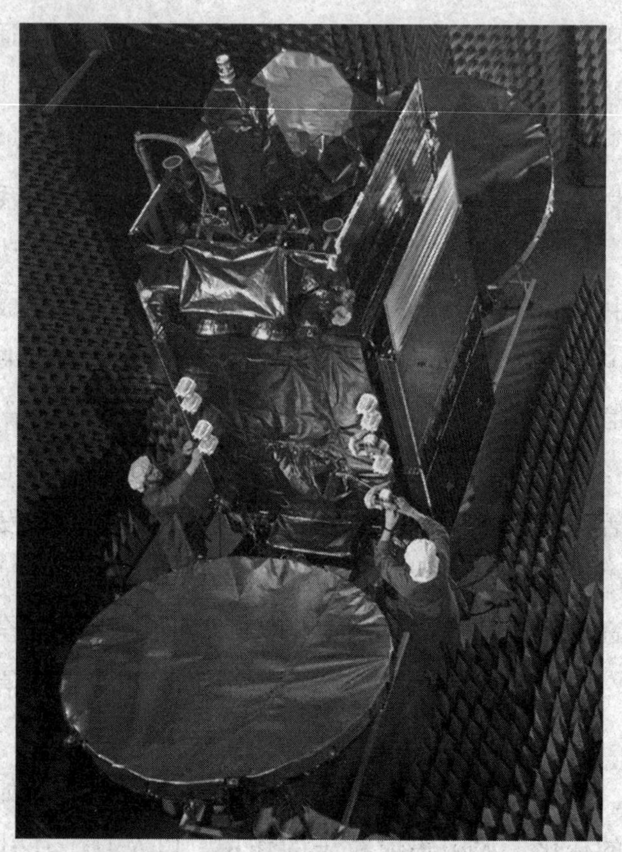

更先进的“国际通信卫星11号”正在测试

卫星通信系统的第二大部分是地球站。它是由天线系统、通信系统、接收系统、发送系统、终端系统和电源系统等组成。地球站既是信息的发送者，又是信息的接受者。通信时，终端系统将电视台或电信局送来的视频信号或音频信号输入发送系统，发送系统把这些信号调制到微波载波上，放大成大功率的信号后，由天线向卫星发射；收信时，天线系统接收到卫星发来的信号，送至接收系统，放大、解调变成视频信号或音频信号后，通过终端系统送往电视台或电信局。通信系统控制地球站各系统，保证各部分正常工作。

为了更好地控制通信卫星的飞行，地面上设有卫星指挥控制中心和分布在世界各地的跟踪站。卫星指挥控制中心和各地跟踪站配合工作，适时地发出指令，控制卫星的飞行，使之保持在最佳的轨道位置上。

1986 年 5 月第 13 届世界杯足球赛在墨西哥城拉开战幕，通过卫星转播，国内无数球迷从电视屏幕上看到了当天的比赛实况。比赛实况是怎样跨越太平洋，及时地传到电视观众面前的呢?

首先由墨西哥的电视台将比赛实况的录像变成视频信号或音频信号，送往卫星地球站；地球站将其输入到发送系统后，由发送系统将这些信号调制到微波载波上，再放大成大功率的信号，经天线送往位于大西洋上空的通信卫星，并由它转发到印度洋上空的通信卫星上，再经该卫星转发器放大和调频，送到北京的卫星地球站，地面系统接收卫星发来的信号并将其送至接收系统放大、调解，还原成视频信号或音频信号，送到中央电视台，通过发射塔播放出来。于是我们便在电视屏幕前身临其境般地看到了远隔重洋的精彩比赛。

可见，通信卫星进入地球静止轨道后，并不能单独完成通信任务，须有地球站、地面控制系统的默契配合，才能完成人类赋予的中继通信的重任。

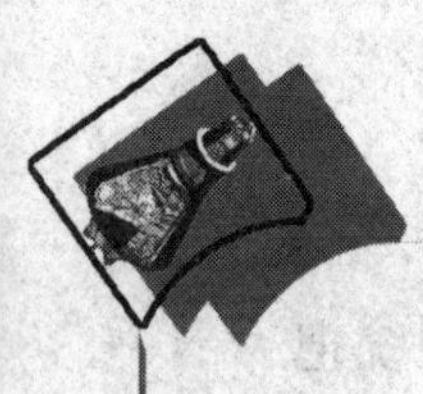

第三节　军事首脑的“耳目”

通信卫星在军事上的作用早已引人注目。20 世纪 60 年代后期，美国、英国和北大西洋公约组织分别建成了 3 个军用卫星通信系统，一直担负着主要干线的战略通信任务。此后，这些系统不断改进和完善，现已成为 C^3I（指挥、控制、通信和情报的英文缩写）系统中的重要部分。在美国，约有 70% 的长途军事通信是经卫星传送的。苏联的各级指挥机构中，也广泛使用卫星通信，构成指挥、控制和通信系统。

1975 年美国企图控制东南亚地区，牵制苏联，于 5 月 12 日派军舰“马亚克斯号”入侵柬埔寨海湾，结果引起世界强烈的反对，这就是轰动一时的“马亚克斯号”事件。事件发生中，位于地球静止轨道上的“国防通信卫星 2 号”，为美国总统、国防部指挥官与特遣部队指挥员和飞机驾驶员之间提供了通信线路，直接接受五角大楼的指挥，使国防部指挥畅通无阻。

1980 年，美国组织了营救被伊朗政府关押人质的军事行动。美国飞机和舰队都参加了这次大规模的军事行动。华盛顿通过军用卫星传递来往的电信和情报信息，与大西洋和印度洋的舰队保持密切联系，调动海军舰船，支援了这次军事行动。

1986 年菲律宾出现政治危机前，总统马科斯通过通信卫星，及时了解到美国国会、政府和里根总统对菲律宾局势及他本人的态度并同意他前往美国后，马科斯只得放弃了对反对派的武力镇压，立即逃往美国，因而避免了一场大规模的流血事件，为科拉松·阿基

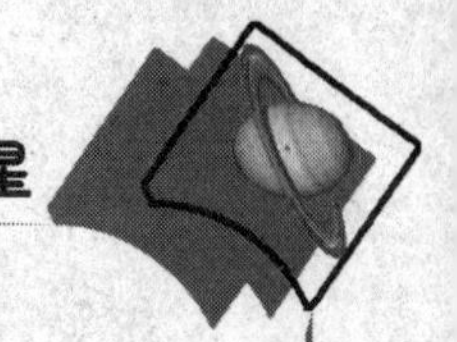

诺和平登台当总统创造了条件。

在伊拉克战争中，战场上几乎所有的美军坦克、飞机、军车及精确制导炸弹和导弹都通过卫星传输、接受作战指令。多哈军营的美军通讯官约翰·摩根说："我们太依赖通信卫星了。不论飞机被击落，还是对作战效果进行评估，我们对战场形势的反应速度都取决于卫星。"

美空军航天司令部发言人库哈·里克说，自1991年海湾战争结束12年来，美军对卫星传输的需求增加了10倍。多种情况表明，没有军用通信卫星，现今美军的指挥和作战几乎玩不转了。

当今，军事通信已成为军事当局的"耳目"。它沟通国家指挥机构和战场指挥官的联络，有效地对战场形势进行监视和控制，快速地向指挥官发送命令，及时调动和部署兵力，忠实地为军事行动服务。为此，美国、苏联、英国和北大西洋公约组织都建立了军用卫星通信系统。其中，美国采取军民分开，军方独自建立卫星通信系统，以便更有效地为军事服务，并可根据军方的要求，建立保密性和抗干扰性能好的卫星系统。苏联采用军民合用的办法，民用的"闪电"型卫星兼负战略通信任务，这在经济上是很合算的，但在使用上受限制，为此，苏联也将逐步建成专门为军事服务的军用卫星通信系统。

军事通信卫星与民用通信卫星，为什么要分道扬镳呢？

主要是由于军事通信卫星有特殊的要求，如通信保密性好、抗干扰能力强、紧急情况下在无通信设施的地区能迅速建立通信线路以及确保战时系统的生存能力等。

为保证军事通信畅通无阻，各国都在建立军事通信卫星系统，如美国有国防卫星通信系统、舰队卫星通信系统和空军卫星通信系统等三个军用卫星通信系统。它们已成为美国军事指挥控制系统的重要组成部分，承担70%左右的远距离军事通信任务。

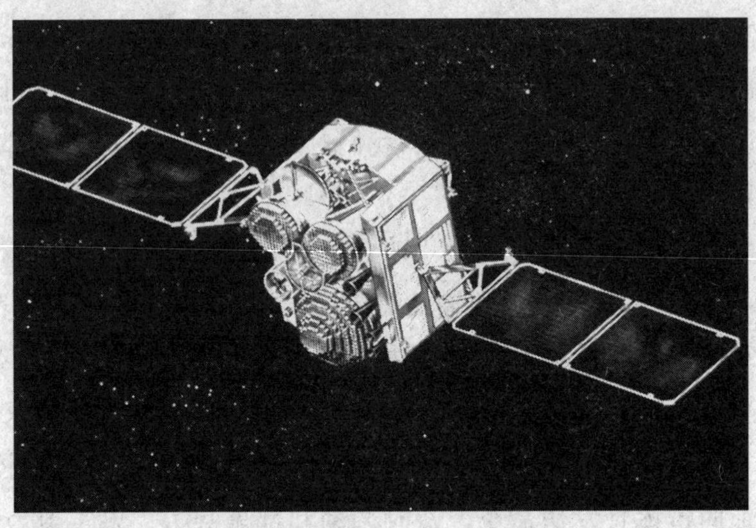

美国国防通信卫星是一种军用通讯卫星

国防通信卫星主要承担战略通信任务，为美国国家指挥机关和作战部队之间提供高质量的保密通信和高速数据传输。国防通信卫星已发展了3代，现主要使用第3代卫星。

舰队通信卫星是美国的第2代战术通信卫星，主要为海军提供抗干扰的舰队广播和舰艇、潜艇、飞机与海岸站的保密通信，也能为地面机动部队和空军的飞机提供通信。

空军卫星通信系统为美国国家指挥机关提供指挥和控制核部队的数据通信线路，要求该系统能在核战争条件下保证通信线路不中断。空军卫星通信系统并不发射专门的卫星，而是把特高频转发器装在多种军用卫星上，以提高系统的生存能力。例如，已在卫星数据系统（SDS）的卫星和舰队通信卫星上装有多通道转发器，在国防通信卫星Ⅲ上装有单通道转发器等等。

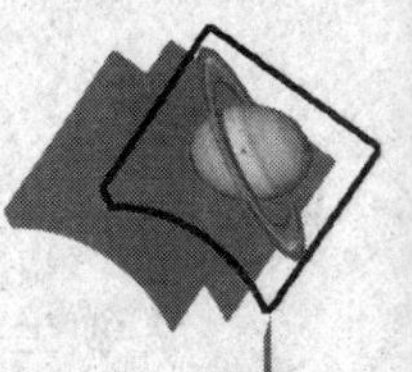

第四节　全球共享卫星电视节目

每当吃过晚饭后，坐在电视机前，全神贯注地收看卫星转播的国内外重要新闻，或饶有兴味地收看大洋彼岸正在举行的奥运会或其他重大国际体育比赛时，那万里之外的精彩场面刹那间就会呈现在你的眼前，你会情不自禁地与场上观众一起欢呼“加油”，送去你的激情和祝愿。1986 年，我国女排在“世界杯”的比赛中奋勇夺杯，获得了世界女子排球比赛史上第一个“五连冠”的殊荣。人们从电视中看到，五星红旗在国歌的伴奏下冉冉升起。1997 年 7 月 1 日香港回归中国，中英交接仪式、香港特别行政区和临时立法会的宣誓就职仪式等各种新闻通过卫星实时传遍世界；人们还看到英国米字旗降下，五星红旗升起……这都要归功于通信卫星——身手不凡的“太空信使”，正是它及时地给我们传来了现场实况。

那么，这些精彩的电视节目是怎样通过通信卫星转播的呢?

通过卫星传输万里之遥的球赛实况，首先卫星从地面某电视台接收信号，通过卫星上的转发器，把信号变频、放大，转播给地面许多电视台，再由电视台把信号重新调制播出，电视台附近的观众就能收到遥远地区的实况传播了。

这种方法的确是一个进步，然而正像任何科学发明一样，它也不可能是尽善尽美的。由于这种间接卫星转播要依赖地面电视台再转播，就使得许多远离电视台的观众无法收看实况转播，当然，也无法收看普通电视节目。有些地区地广人稀，居民点很少，从经济角度来看，设置任何普通电视台都是不合算的，譬如加拿大，它的领土与我国大致相当，然而它90%的居民都居住在西起太平洋、东至大西洋一条宽约160千米的狭长地带上，其他10%则散居在北部的居民点。为了使类似这些地区的居民能够收看电视节目，就必须采用一种更为先进的方法。

美国“回声3号”电视直播卫星

这种方法就是卫星直播电视，也就是每个电视用户都可以直接接收卫星转发器发射的信号，经过特殊装置把信号输入接收机，而不用经过地面电视台的再转播。这样一来，既可以使偏僻地区的居民收看到电视节目，又可以使原有电视观众增加收看的节目，从而大大地增加了电视机的使用价值。

1987年11月21日，德国用阿里安火箭把一颗电视直播卫星发射升空。卫星重2080千克，是德国邮电部委托制造的，设计寿命9年。这是西欧第一颗电视直播卫星，容量是一般通信卫星的20倍。观众可以不通过电视台，直接从卫星上接收4套附加电视节目和16套立体声广播。卫星发射后定点在东经19度赤道上空运行，它带有两块太阳能电池帆板，展开后19米多宽，输出电力32瓦，但是一

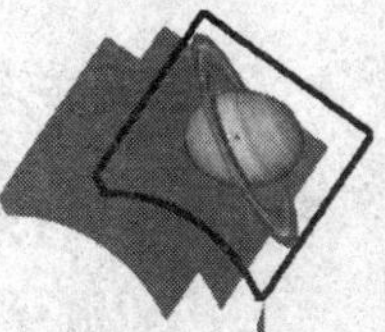

家庭直播卫星接收天线

块太阳能帆板因展开机构被卡住无法展开。专家通过摇晃和旋转卫星两种办法，均未能使太阳能帆板展开。由于电力不足，这颗卫星只能直播广播节目而不能直播电视节目。

1988 年 10 月 28 日，法国自行研制的第一颗电视直播卫星由“阿里安 2”型运载火箭发射上天。24 天后，成功地定点在西经 19 度上空运行。这颗卫星从 1977 年开始研制，历时 11 年，重逾 2 吨，与德国的电视直播卫星基本相同。它具有 5 条电视频道，可直播的电视节目能够覆盖西起葡萄牙、东到乌克兰、南从北非马格里布、北及英伦三岛的广阔地域，可为 4 亿多电视观众提供电视直播服务。

1989 年 7 月 12 日，欧空局用“阿里安 3”型运载火箭发射了一颗“奥林匹斯－1”电视直播实验卫星。该卫星发射功率为了3670瓦，是当时功率最大的卫星。它的发射对欧洲发展大型多用途卫星或卫星平台具有重要意义。

欧洲通信卫星组织经营的“热鸟”电视直播卫星

日本在研制电视直播卫星方面也是走在前面的。1984年1月23日，日本第一颗电视直播卫星“百合花2A”号，从种子岛发射成功。这是一颗实用型电视直播卫星，重350千克，拥有3个电视频道，卫星入轨后，满足了日本本国用户的广播电视需要，解决了山区、边远地区和高层建筑内居民收看电视的困难。每个用户只需安装小型廉价接收天线，就可以直接收看电视节目。日本成功发射第一颗电视直播卫星之后，松下电器公司和芝浦公司竞相推出直播电视接收机新产品，三菱、索尼、夏普和日本电气公司也相继转产接收电视广播的新型电视机，为电视直播卫星的发展开辟了广阔的道路。

日本正在研制新型超级静止通信卫星。日本邮政省、科技厅和日本电话公司，最近决定联合研制新的大型直播通信卫星，计划于2005

年正式投入使用。该星重 3000 多千克，将搭载一个直径 17 米，可像雨伞那样开合的大型天线，以及大功率电波发射设备。该卫星将把日本划分成 10 多个区域分别覆盖，并加强电波的指向性，只要有重量不足 300 克的终端机，就可以在任何山区地带清晰地接收和传递数据、音像等信息。除可直接接收电视节目外，还用于移动通信。

我国的卫星电视事业发展迅速。目前，通过卫星转发的电视节目已有中央及省市的数十套节目。卫星单收站 10 余万座，并形成了世界上最大的卫星电视教育传输与接收网络。中央电视台的国际频道，还通过卫星向东南亚、美国等地转发。但是，我国人口众多，全国共有 3.2 亿个家庭；幅员广阔，地形复杂，有些边远地区，要实现有线电视广播不仅造价惊人，而且困难重重。为了解决这一问题，国家实行了一项广播电视“村村通”计划。那就是发射一颗电视直播卫星。我国与法国合作经营的“鑫诺 1 号”卫星，就是这样的一颗卫星。它可向全国发送 39 套中央及地方台的电视广播节目，使新疆、西藏广大边远地区及海上平台、船只上都能直接收到图像清晰、声音效果好的电视节目，同时解决了 80 万贫困落后山区中小学远程教育问题，使我国广播、电视覆盖率分别提高到 90% 和 85% 以上。

可以说，卫星直播电视将使电视广播发生革命性的变革，同时还将带动电子产品制造业、维修业、电视教育事业的发展。

第五节　海上救险

尽管如今的航海技术高度发达，但是由于海事通信落后导致的航海悲剧依然时有发生。例如，1974 年的一天，在印度洋上航行的一艘美国巨型油轮不慎失火，熊熊的烈火烧坏了船上的机器，油轮失控，撞上了暗礁。在发生这一事故时，船长就明智地打开了无线电呼救信号发射机，发出了“SOS”的求救信号。但由于当时大气层的严重干扰，直到出事31个小时后，才有人收到这呼救信号。由于船身已被撞破，45.34亿立方米的石油白白流入了海洋。实际上，这样的事故屡见不鲜。据不完全统计，仅在1980年的一年里，全世界就有近400艘总计为200万吨位的舰船沉入海底。因而，如何保证海上的安全通信和遇难船只的及时营救，已成为全世界共同关心的一个重大问题。

随着卫星通信技术的广泛应用，国际海事协商组织早在1966年就意识到利用卫星来改善海上安全通信的潜力，并开始考虑建立国际海事卫星通信系统的问题。

70年代初，美国通信卫星公司委托休斯公司研制了3颗海事通信卫星，并分别在1976年2月19日、6月9日和10月14日把它们送到大西洋、太平洋和印度洋上空的预定轨道位置上，建成了世界上第一个海事卫星通信系统，从而为建立国际海事卫星通信系统创造了技术条件。

经过国际海事协商组织的积极筹备，在1979年7月正式成立了国际海事卫星组织，总部设在伦敦，从而为建立国际海事卫星通信系统作了组织准备。中国于1979年7月签署了《国际海事卫星组织公约》和《国际海事卫星组织业务协定》，成为国际海事卫星组织的创始成员国之一。

一般来说，海事卫星通信系统由空间部分和地面部分等组成。空间部分包括在地球同步轨道或极地轨道上运行的海事卫星以及监视和控制这些卫星的地球站。地面部分分陆基通信地球站和船载地

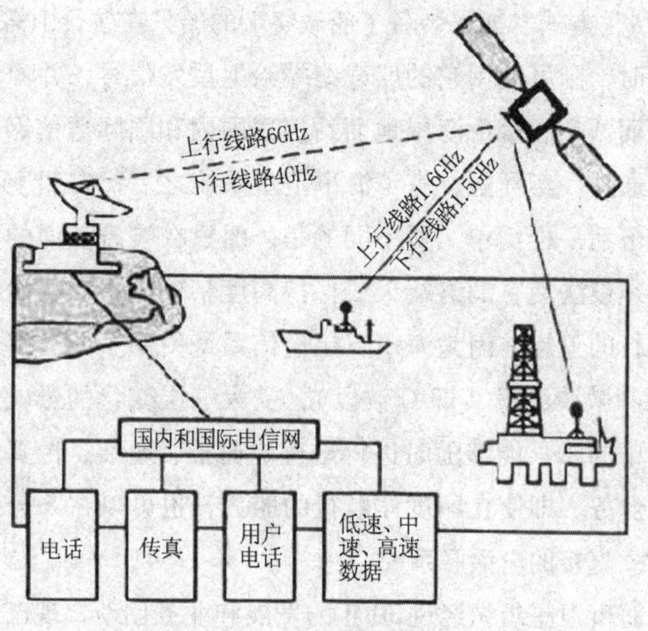

海事卫星通信系统示意图

球站等，陆基通信地球站也称为海岸地球站，它们可与国内或国际通信网络互连；船载地球站也称为船载终端，属于可装在船上、漂浮设施或非永久性系留平台上的移动式通信地球站。船载地球站由装在甲板上的设备和装在甲板下面的设备组成。前者包括天线、天线控制系统、功率放大器、低噪声放大器等设备。这些设备均装在一个可以防止海浪、冰块和雷电袭击的防护罩里。装在甲板下面的设备包括变频器、调制和解调器、信道控制器、天线控制系统、电话机、电传打字机、发射机和接收机等设备。

海事卫星系统中的船载地球站与卫星之间的链路属于移动卫星业务，而海岸地面站与卫星之间的链路则属于固定卫星业务。因此，海事卫星通信系统可以认为是这两种业务的混合。

海事卫星通信系统的主要特点之一，就是采用"按需分配"或

“随叫随到”方式。如果装备了船载终端的船只在航行中需要与它的船主通信时，则可利用它的船载终端给卫星发信号，并由卫星转发给海岸地面站，然后由海岸地面站接通国内和国际通信网，便可与它的船主通话。实际上，有了海事卫星系统之后，在船上打电话与陆地上打电话一样简单。所不同的是，船只在波涛汹涌的大海中航行时，必须设法使它的终端天线保持高度精确的指向，始终跟踪在轨道上运行的卫星。因为海事卫星通信系统使用了能够穿透电离层的L波段和微波波段（即C波段），受大气层变化的影响很小，因此在航行中的船只能够随时进行迅速地通报、通话、传真和电视传输等正常业务，即使在印度洋航行的船只，也可以在5分钟内与美国纽约建立直接的电话联系。

国际海事卫星组织经过30年的发展和业务创新，现已成为集海上、空中和陆地商用卫星移动通信服务的唯一供应商，全面提供海事、航空、陆地移动卫星通信和信息服务，是船舶遇险安全通信的主要支持系统，并承担着陆地应急通信和灾害救助通信，是全球业务发展最快，技术最先进，可靠性最高的移动卫星通信和信息系统。尤其是3颗覆盖全球的第4代大功率通信卫星和连接海陆空的BGAN宽带全球区域网络的正式投入运营，为国际海事卫星组织开创未来更加美好的前景奠定了基础。

国际海事卫星组织正在计划利用S波段发展第5代卫星通信系统，它将大大扩展现有带宽，满足更多用户的不同业务需求。

海事卫星系统的定位是在关键时候发挥关键作用，在任何时候和全球任一地点，由于通信网络遭到破坏导致系统瘫痪，海事卫星系统都将承担重任，在移动应急通信中具有不可替代性。它与其它通信网络不是竞争关系，而是一个强有力的补充和延伸。

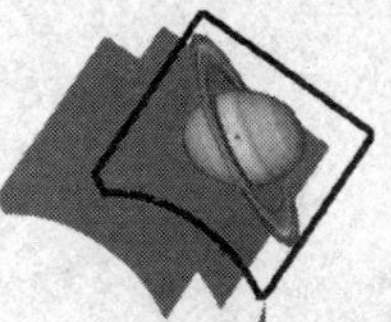

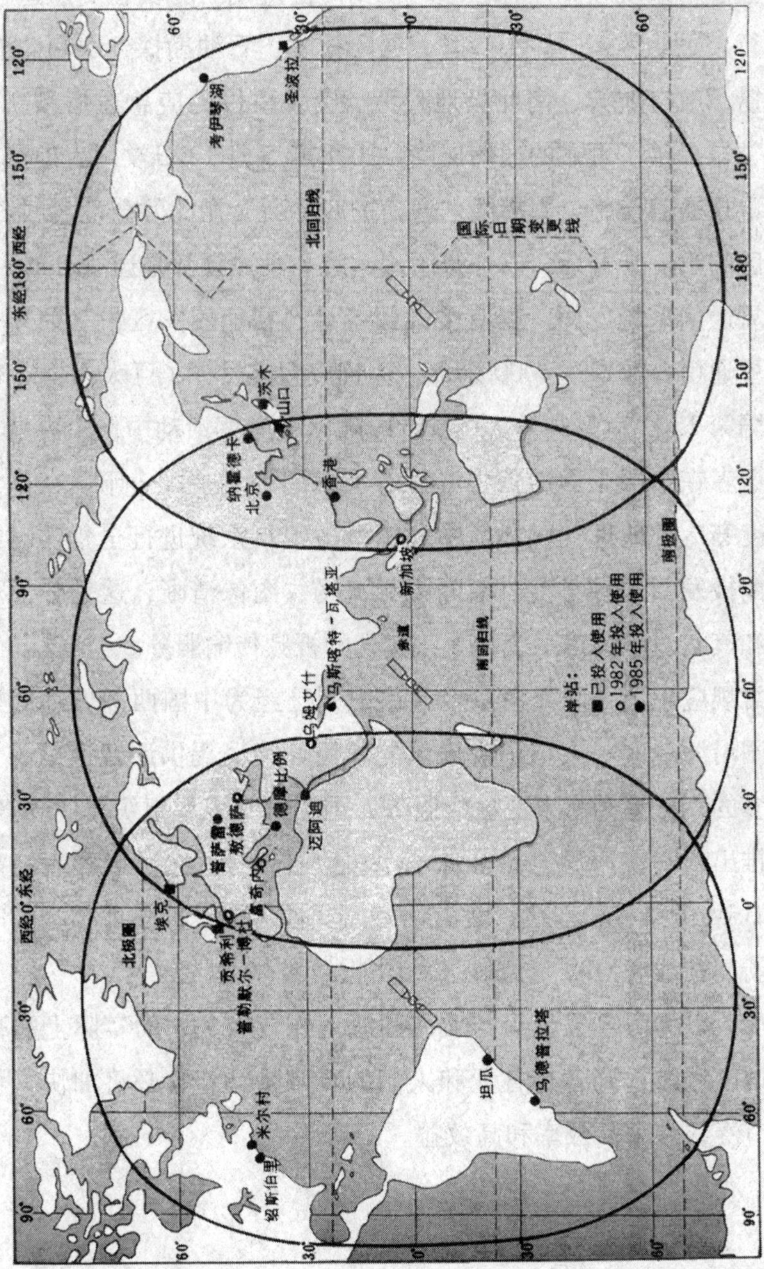

国际海事卫星通信系统覆盖区域图

卫星通信系统在我国各领域均得到广泛应用，尤其在交通运输、海上航行、民航客运、登山探险、遇险搜救、石油勘探、水利监测、渔业捕捞、航空航天、南北极地科考、突发事件的应急通信和新闻传媒等领域提供了可靠的通信保障。2008 年 5 月 12 日汶川大地震发生后，常规通信设施全部损毁，通信彻底中断，在此万分危急时刻，来自灾区的第一个电话、第一张图片、第一段视频都是通过 Inmarsat 海事卫星通信系统发回。据有关部门统计，在地震灾区投入使用的海事卫星通信终端多达 4000 余部，为抗震救灾发挥了巨大作用。

中国第 25 次南极科考队在进行内陆冰盖考察活动中，中央电视台随行记者在中国交通通信中心等有关部门的支持配合下，在高纬度和极度寒冷的地理气候环境中利用海事卫星系统进行全程实时报道，从南极发回的科考实时新闻视频流畅、图像清晰，这是普通通信系统和其它卫星通信系统均无法实现的视频传输服务。

在常规应用上，国际海事卫星组织则已经为中国西部偏远山区以及中国沿海地区等人口稀少区域的牧民和渔民提供话音通信。为了让更多的人分享到海事卫星的服务，国际海事卫星组织于 2009 年下半年推出新一代海事卫星全球通手机（GSPS），它可以实现海事卫星和 GSM 网络一机双代，具有话音、文件传输、即拍即传、即时通信、新闻在线和 GPS 定位等强大功能。

不少人以为海事卫星只与航海和海上作业有关，而实际上海事卫星通信已经渗透到各行各业和人们的日常生活，它必将加快人们的生活节奏，带来高效率和高效益。

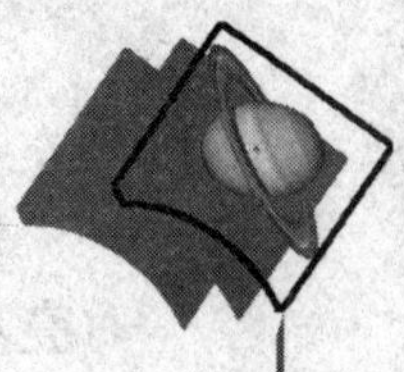

第四章　太空“向导”——导航卫星

【篇章页导语】

在茫茫大海中航行的船舰，必须知道自己的位置和航向，才能保证安全。因此，在远洋航行的船舰上，必须装有导航设备。传统的导航方法都有着各自的不足之处。随着人造卫星的上天，人们找到了一种比较理想的导航工具，这就是导航卫星。

第一节　现代“罗盘”的诞生

导航卫星是指从卫星上连续发射无线电信号，为地面、海洋、空中和空间用户导航定位的人造地球卫星。

那么，导航卫星是怎么发展起来的呢？

未在海上航行过的人会有这样的疑问，指南针发明之前，在水连着天，天连着水，一望无际的大洋里，船舶如何确定方位呢？船是怎样到达万里之遥的目的地呢？在古代，勤劳智慧的劳动人民，在长期航海实践中，靠观测太阳、月亮和其他星体来确定航船的位置。在我国两汉时代的《淮南子》中就说过，在大海中乘船不知方向，观看北极星便明白了。东晋的高僧法显从印度搭船回国后说，当时在海上见“大海弥漫，无边无际，不知东西，只有观看太阳、月亮和星辰而进”。在北宋以前，航海中还是“夜间看星星，白天看太阳”。这些依靠观测太阳、星星和月亮来确定航船地理位置的方法，实际是一种天文导航法，或者说古代天文导航法。

由于人们处在地球上的任何一个位置都可以观看到太阳、星星和月亮，所以天文导航不受地理位置的限制，具有全球性优点。但是，如果遇到阴天、雨天或多雾的天气，那就糟了，这种天气无法观察，因此，天文导航受气象条件的约束。我国古代劳动人民发明的指南针，克服气候条件的限制，给雨雾弥漫中的航船指明了方向。

指南针的奥秘在哪里呢？原来，所有磁体都具有“同极性相斥、异极性相吸”的特性，而地球本身就是一个大磁体，这个大磁体和小磁针由于“同性相斥，异性相吸”，磁针的南极总是指向地球的北极，即指向南方。指南针成了人类导航的工具。根据指南针的原理做成的船舶导航仪器就叫罗盘（磁罗盘）。把一根磁棒用支架水平支撑起来，上面固定着一个从 0 度到 360 度的刻盘，再用一航向标线代表船舶的纵轴，这就是一个简单的磁罗盘。刻度盘上的零度与航向标线之间的夹角叫作航向角，表示船舶以地磁极为基准的方向。这样，在茫茫大海中航行的船舶，可根据夹角的大小判断出航行的方向。

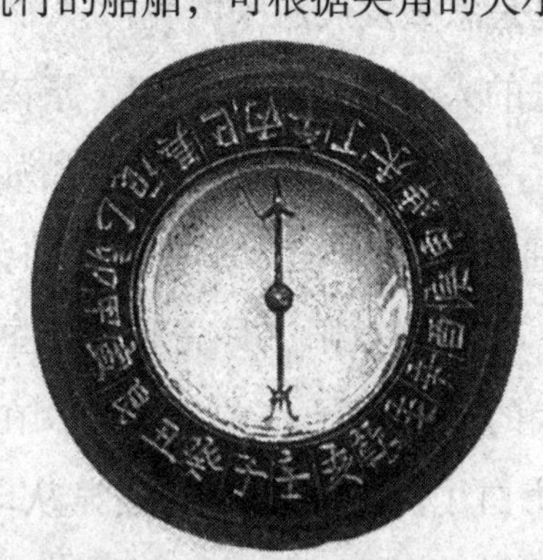

中国人使用的航海磁罗盘

但是，由于地磁场分布不均，磁罗盘常常会产生较大的误差。

20 世纪初无线电技术的兴起，给导航技术带来了根本性的变革。人们开始采用无线电导航仪代替古老的磁罗盘。由于无线电波不受天气好坏的影响，它在白天夜里都可以传播，所以信号的收、发可以全天候。用无线电导航的作用距离可达几千千米，并且精度比磁罗盘高，因此被广泛使用。但是，无线电波在大气中传播几千千米过程中，受电离层折射和地球表面反射的干扰较大，所以，它的精度还不是很理想。航道上由于方向辨别不清而出现的海难事故还是时有发生，不仅给船只和乘员带来巨大的危险，而且常常给周围环境、海洋中的动物世界带来巨大的危害。

直到现代“罗盘”——导航卫星出现，这一难题终于得到了有效解决，

1958 年初，美国科学家在跟踪第一颗人造地球卫星时，无意中发现收到的无线电信号有多普勒效应。这一有趣的发现，揭开了人类利用卫星进行导航定位的新纪元。

多普勒效应是 1842 年发现的自然界常见的现象之一。大家常见这种现象，当人们站在铁路旁等候前面驶来的火车时，先是听到火车的鸣笛声很高，而后，当火车从人们面前驶过远离时，这种鸣笛声又会逐渐降低。鸣笛声是从一个喇叭中固定发出的，声调本身在一个很短的时间内并没有什么变化，那么为什么人们听起来会有高有低呢？这种现象是奥地利科学家多普勒第一个解释清楚的。因此，在物理学上称这种现象为多普勒效应。

多普勒认为，火车鸣笛声的高低，并不是由于声音本身的变化，而是由于声音频率的变化引起的。当火车（声波源）与站上的人（听众）相互接近时，接收到的频率升高，听起来笛声就高；当两者

相互离开时，接收到的频率就低，听起来笛声就降低，而且火车的速度越快，这种变化就越明显。这种现象在物理学上也叫多普勒频移。

如果一台无线电发射机与一台接收机之间存在快速相对运动时，接收机收到的频率也就存在着多普勒效应，而且发射的频率与接收到的频率之差与发射机和接收机两者之间经向运动速度成正比。这一收发之间频率差，也就是物理学上常叫的多普勒频率。

通过地面固定接收站测量到卫星发出信号的多普勒频率，就可以决定在太空运行卫星的轨道，以此知道何时卫星在何处。按照同样的道理，如果知道太空运行卫星的轨道，那么，也就可以根据所收到的多普勒频率，反推算地面观测站的位置。从已知卫星位置来确定地面观测站坐标方法，就是当今卫星导航的基本原理。

1958 年美国海军开始研制名叫“子午仪”的多普勒卫星导航系统，它又称海军卫星导航系统。1960 年 4 月 13 日，美国发射成功世界第一颗卫星导航卫星“子午仪 - 1B”，开创了人类导航技术的新纪元。1967 年，这个导航卫星系统组成网并允许为民用船只使用，为航行在一望无际的大洋中的船舶指明方向。

“子午仪”导航卫星系统属美国低轨道导航卫星系列。卫星运行在高度约 1100 千米的近圆极轨道，目的是为了避免多普勒效应减弱。它们在轨道面上均匀分布组成围绕地球的空间导航网，6 颗卫星在轨道上的配置似鸟笼形状。它的轨道倾角 89 ~ 90 度，周期 106 ~ 107 分钟。它可为全球任何地方的水下潜艇、水面船只、地面车辆和空中飞机等用户服务，用户每隔 1.6 小时左右，就可以接收每颗卫星以 150 兆赫与 400 兆赫频率连续播送的无线电信号。地球上的用户根据发送的信号，便可以确切地知道卫星在太空轨道上的位置。

美国第一代导航卫星"子午仪"

地球上各用户仔细地记录无线电信号中的多普勒频移，这就好像日常生活中，使用收音机收听电台的广播节目一样。人们根据多普勒效应，用计算机就能确定出地球上运动体（如潜艇等）所在的位置。这样，即使潜艇在浩瀚的海洋水下航行，时时刻刻都能知道自己在何处，在大海深处航行数月也不会迷失方向。

地球上的用户利用"子午仪"导航卫星发送的无线电信号来确定自己所在的位置，一颗卫星的定位精度在 20～50 米。如果在一天内把数颗卫星飞越 30 多次的数据都收集起来，然后进行平均计算，可以把定位误差减小到最小，这样就可以把定位精度提高到几米。

对于固定不动的地面台站，采用卫星多次飞越的数据来提高定位精度，显然是一个很好的办法，但是对于航行在水中的潜艇、水面的船舶，它们的导航接收机安在活动的艇、船上，还必须精确地知道它们航行的速度，否则，定位精度将会大大降低。对于翱翔在空中的飞机，由于在两次导航定位的时间间隔内，飞行距离可达 1000 千米以上，显然，不宜用“子午仪”导航卫星来进行导航，而需要研制更先进的导航卫星系统。

“子午仪”导航卫星系统由 3 大部分组成：发送导航信息的卫星，它高挂太空；对卫星进行连续跟踪和控制的网，它分布于全球；接收卫星发送的信号和进行导航计算的用户设备，它设置在地面、水面、水下或空中。卫星主体是八棱柱体，高 25.4 厘米，宽 45.7 厘米，有一根长 22.86 米的稳定杆，从柱体的顶部伸出，杆子末端带有一个重约 1.36 千克的质量块。四块矩形太阳电池帆板从棱柱体侧面伸出，形成十字形，帆板长 167.6 厘米，宽 25.4 厘米。

“子午仪”导航卫星携带的主要设备有：2 台指令接收机、2 台石英晶体振荡器和 2 台多普勒发射机等。卫星接收地面站发送来的未来 12～16 小时的卫星轨道参数和指令，并存入卫星的数字存贮器内，然后，每隔 2 分钟，卫星就播发一次轨道参数和时间信号，供地球上各用户使用。

地面跟踪和控制网负责连续跟踪“子午仪”卫星，计算和预报卫星运行轨道，并不断向卫星输送新的轨道参数。它包括跟踪站、计算中心、控制中心、注入站和授时站等，其中跟踪站负责测定并预报未来 16 小时内卫星的轨道参数，编制与火车时刻表类似的卫星运行时刻表（星历表）；控制中心负责将卫星的各种数据送至跟踪和控制网中各台站；注入站的任务比较简单，它根据星历表每隔 12～

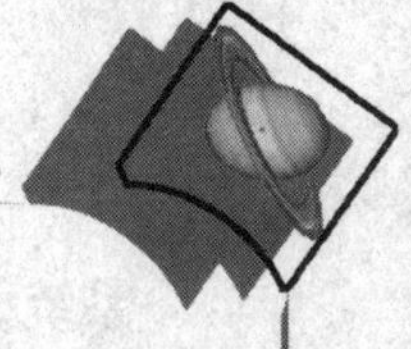

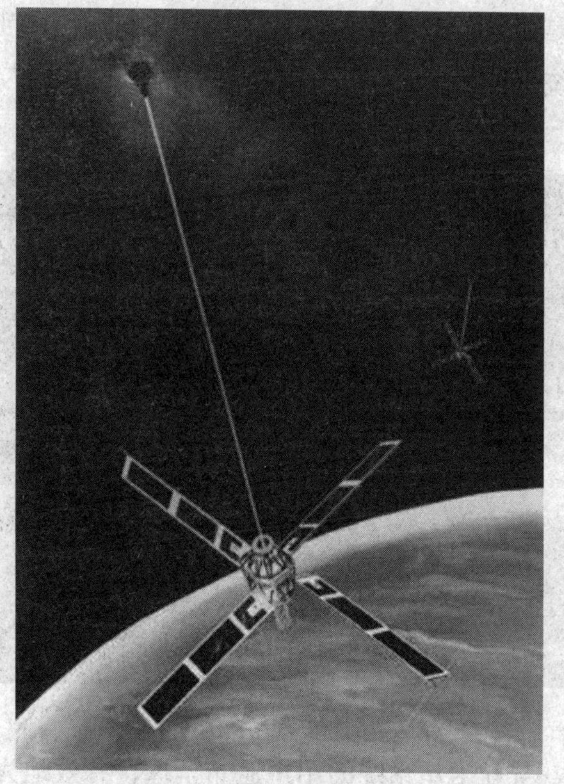

轨道上的"子午仪"卫星

16 小时，用超高频时间信号对卫星上的石英钟进行一次校准，精度在 50 微秒之内。

"子午仪"导航卫星系统虽然不十分完善，但初步解决了军事用户的要求。它似"灯塔"，挂在太空，繁忙地为美国的核潜艇和水面舰艇指示方向，为西欧、南美洲等国的各种远洋船舶导航及海上定位，也为海上石油勘探定位以及陆地测绘，特别是山区和森林地区测绘服务。

自从美国建立自己的卫星导航系统以来，世界其他国家也纷纷研发属于自己的卫星导航系统。目前，世界上有四大主流卫星导航系统，分别是美国的全球定位系统（GPS）、前苏联/俄罗斯的全球导航卫星系统（GLONASS）、欧洲航天局的“伽利略”卫星定位系统和中国的“北斗”导航卫星定位系统。

“伽利略”导航系统卫星

50年来，导航卫星系统的用户遍布全球，有效地为各种军用舰艇和民用船只进行导航定位，并广泛用于海洋测量和石油勘探定位以及大地测量和地球重力场研究等许多领域。

全球四大卫星导航系统比较

	GPS卫星导航系统	GLONASS导航系统	“北斗”导航系统	“伽利略”导航系统
研制国家	美国	俄罗斯	中国	欧盟
历史渊源	20世纪70年代，美国军方开发，1994年建设完毕	从80年代初开建，1995年投入使用，与GPS系统原理、功能都十分类似	上世纪80年代中期开始，2003年建成第一代；第二代正在建设中	上世纪90年代提出，2002年正式批准，2008年4月开建

（续表）

全球四大卫星导航系统比较				
	GPS 卫星导航系统	GLONASS 导航系统	“北斗”导航系统	“伽利略”导航系统
覆盖范围	全球全天候	全球	第一代仅覆盖我国本土及周边国家；第二代将覆盖全球	全球
卫星数量	24 颗工作卫星和 4 颗备用卫星	24 颗（因经费问题，经常运行的数量达不到设计数量，最少时仅仅有 6 颗在运行，目前有 17 颗正在运行）	第一代只有 3 颗卫星（2 颗工作，1 颗备用）；第二代建成后由 5 颗静止轨道卫星和 30 颗非静止轨道卫星组成	27 颗运行卫星和 3 颗预备卫星（未建成）
定位精度	10 米	单点定位精度水平方向为 16 米，垂直方向为 25 米	第一代三维定位精度约几十米；第二代定位精度 10 米	定位误差不超过 1 米
用户容量	GPS 是单向测距系统，用户设备只要接收导航卫星发出的导航电文即可进行测距定位，因此可容纳无限多用户	无限多	第一代北斗导航系统是主动双向测距的询问－应答系统，用户数量有限，不能超过 100 万	无限多
用户范围	军民两用，军用为主	军民两用，军用为主	军民两用，民用为主	军民两用，民用为主

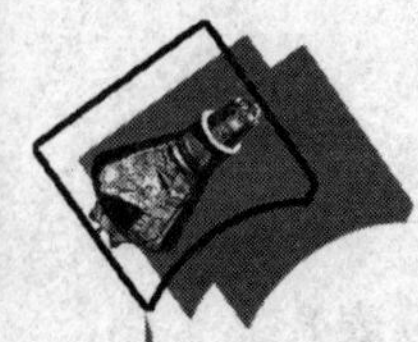

（续表）

全球四大卫星导航系统比较				
	GPS 卫星导航系统	GLONASS 导航系统	“北斗”导航系统	“伽利略”导航系统
系统进展	1994 年，GPS 卫星导航系统已布设完成。现在正研制第二代 GPS 系统	目前已有 17 颗卫星在轨运行，计划 2008 年全部部署到位	目前已共发射 5 颗北斗导航卫星，2008 年左右满足中国及周边地区用户需求，2020 年覆盖全球	1999 年欧盟公布了“伽利略”计划，现在“伽利略”系统正在建设中
优势	成熟	抗干扰能力强	互动性和开放性	精准
商业开发情况	较早，非常充分	不充分，在中国几乎没有	刚起步	刚开始建设，因合作者众多，前景看好

第二节　卫星导航的老大——“导航星”全球定位系统

“子午仪”导航卫星系统高挂太空，给数以千艘船舶指明航向，可惜美中不足，不能全球、连续、实时、高精度地给运动物体导航，也不能提供高度和速度信息，而且不能为空中的飞机导航。

1973 年 12 月，美国国防部又制订了一个“导航星”全球定位系统（GPS）的国防导航卫星计划，建立一个供各军种使用的统一的全球军用导航卫星系统。

“导航星”全球定位系统是美国国防部在海、空军 1960 年 4 月

“子午仪”导航卫星研究成果的基础理论上发展而来的。1978 年开始发射和建设，至 1993 年整个系统部署完毕。这种新式导航系统能快速、连续地为车、船、飞机以及导弹武器提供高精度三维位置、速度和时间的信息，实现近乎实时的导航，一次定位时间只需几秒钟到几十秒即可以完成。

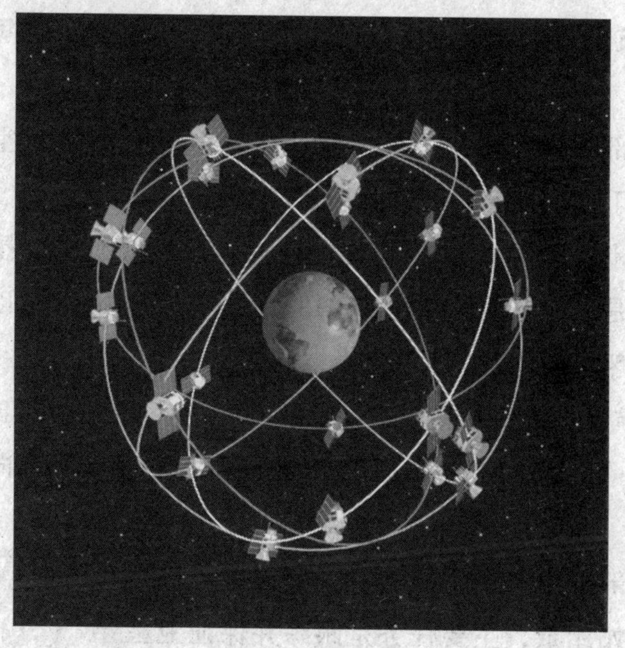

GPS 导航卫星星座

“导航星”全球定位系统的工作原理是计算卫星发射机和地球上接收机之间的距离。如果同时接收来自 3 颗卫星的信号，把接收每一信号的时间记下来，利用已知的无线电传播速度，就能计算出接收机所在的位置，然后以每一卫星到接收机的距离为半径，以卫星为中心，作一个球体，这样，对 3 颗卫星可以作出 3 个球体，这 3 个球体的交点就是接收机的所在位置。不过，要作精确的计算，时间上必须严格同步，不然，1 微秒的误差，会造成 300 米的定位误差。为此，利用一个导航卫星来授时，这样接收机同时接收来自4颗导航卫星的信号，也就是说至少要使4颗导航卫星同时出现在接收机的视场范围之内，使接收机能“看得见”，才能“听得到”。不论在地球上哪一个角落，要求任何时刻都能同时收到4颗导航卫星的信号，才能精确地定位。

“导航星”全球定位系统的组成简称3大部分：空间、控制和用户。

空间部分包括18颗卫星，它似18个“勇士”，在太空充当“向导”。它们均匀分布在6个轨道平面上，轨道倾角为53度，轨道高约2万千米，周期12小时，保证任何用户最低能连续看到4颗卫星。这就是，任何时候太空都有18个“勇士”中的4位以上，可以为潜艇、船只或地面车辆等充当“向导”。

“导航星”的每颗星重，Ⅰ型约460千克，Ⅱ型卫星比Ⅰ型卫星约大1/3，重为787千克，以1575兆赫和1228兆赫频率向地球发送信号。

控制部分由一个主控站、一个数据传输站和四个监控站组成，主要任务是跟踪并保证卫星导航数据准确无误。

用户设备主要由天线、接收机、数据处理装置和显示装置等组成。接收机接收4颗卫星发送的导航信号，数据处理装置对数据进行处理，以获得用户所在三维位置（空间位置）、速度和时间数据，并可以换成用户所需地理坐标系或其他坐标系表示的位置数据，在显示装置上显示。

GPS 接收机

"导航星"全球定位系统出现，解决了战争中最大问题之一——精确的定位问题。它精确的定位数据能使武器提高击中目标的能力，使部队大大提高作战效率，原因是三维定位精度可达16米，三维速度精度高于0.1米/秒，时间精度可达100纳秒。

"导航星"系统具有全球、全天候、连续实时定位、精度高、抗干扰性强、不需要在国外设站、用户不需发射无线电信号、使用简单、不限制用户等特点，因此应用极其广泛，适于航空、航海、航天领域的飞行器和舰船，以及地面各种车辆和部队等，也非常适用于陆、海、空各军种作战需要，如"导航星"系统与武器系统相结合，会大大改善侦察敌情、目标定位、部队行军、弹药投放及联合军事行动等军事活动的效果。

第二代GPS卫星

"导航星"全球定位系统在军事上更是大显身手，它能为地面车辆、军事人员充当"向导"，也能为航空、航海、航天等范围内的飞机、舰艇、潜艇、卫星、航天飞机等进行导航和定位，它不仅给出飞机等每时每刻的地理坐标，而且还给出飞机等的飞行高度和速度；飞行万里的洲际导弹也可能借助“导航星”进行制导，以提高命中目标的精度。显然，“导航星”将进一步提高巡航导弹和类似武器的制导精度，遥控飞机也将受益非浅。它更广泛的应用于投弹和武器发射、照相侦察、照相制图和大地测量、飞机着陆导航、空中交会、加油、空投和空运、航空交通控制和指挥、火炮的定位和射击、靶场试验和测量、反潜战、布雷、扫雷、船只位置保持、搜索和营救工作等，凡是需要精确定位的部门，都将是导航卫星的服务对象。如美国海军的一艘大型军舰，在能见度很低的情况下，利用“导航星”成功地沿一条仅有 32.2 米宽的航道驶出圣地亚哥港。一架 F-4S 飞机，在一次利用“导航星”进行盲目投弹试验中，结果奇迹般地把炸弹投掷到离目标只有 3～6 米近处。一次直升机利用“导航星”进行夜间飞行，着陆时盲目着陆点距标志点仅差 0.9～1.2 米。可见，用“导航星”导航，其效果远远超过普通导航设备。

第三节　后起之秀——双星导航定位系统

2003 年 5 月 25 日，我国成功发射了第三颗“北斗 1 号”导航定位卫星，作为“北斗导航定位系统”的备份星，连同 2000 年 10 月 31 日和 12 月 21 日发射升空的两颗“北斗 1 号”导航定位卫星和一个地面中心站，形成了一个较为完善的“双星导航定位系统”。

“双星导航定位系统”应归于“卫星无线电定位服务”(RDSS)。这种系统是如何发展起来的？性能如何？与 GPS 定位系统

“北斗1号”导航卫星

有何差异？前景又如何？这一切先要从一场空难说起。

1978年9月12日，太平洋西南航空公司的一架波音727客机在美国加州圣迭戈上空与一架赛斯纳172私人飞机相撞，酿成147人死亡的悲剧。经调查，造成飞机相撞的一个重要原因是当时的航空通信技术状况不佳，地面导航员未能及时判断出飞机位置并通知飞机避让。这件事给航空界带来极大震动，人们开始寻找避免类似事件发生的技术措施。

现在来看，GPS定位技术完全可以胜任这个任务。可当时GPS正在发展中，技术复杂，投资巨大，投入使用还遥遥无期，人们甚至对它是否能够发展成功还存有很大疑虑。而且美国防部还计划对GPS实施“SA”制（降低民用码定位精度）。在这种情况下，很多个人和机构开始探索一些新的原理和方法。

4年后，国际著名航天专家、物理专家GetardK. O. Neill教授经过潜心研究，发明了一套名为“卫星无线电定位服务”的系统，即后来“吉奥星”系统的方案。该系统可为飞机领航和地面控制提供精确的定位导航信息、碰撞告警及双向数字信息传输，还可对航行中的船只、车辆进行定位。

一位叫作大卫·威尼的商人看到了这个方案的良好前景。于是，他出资在美国普林斯顿成立了一个组织，这就是1983年成立的吉奥星（Geostar）公司的前身。1986年，该公司进行了第一颗实验卫星的发射，验证了移动通信与导航定位结合在一起的原理可行性。此后又分别于1987年和1988年发射了2颗卫星，开始导航定位服务。第一种“卫星无线电定位服务”就这样投入运行。1991年到1993年的3年中，该公司又发射了3颗专用卫星，极大地拓展了系统容量。

RDSS系统是如何定位的，它与GPS卫星在原理上有何不同呢?

我们先看看定位的几何原理。已知空间两颗卫星甲、乙的精确坐标，如果定位用户到卫星甲的真实距离为S_1，那么用户必定在以卫星甲为球心、S_1为半径的球面A上。同理，如果用户到卫星乙的真实距离为S_2，那么用户也必定在以卫星乙为球心、S_2为半径的球面B上。结合起来，用户的位置必定在球面A和B的交线上，这条交线实际上是一个圆。这样还不能确定用户的具体位置，必须再有至少一个条件。解决方法之一是再发射一颗卫星。那么以三颗卫星为中心的三个球面就会交于两点，两个交点之一就是用户的位置，而选择哪个点是非常容易的事情。GPS定位就是采用了这种原理。实际应用中，GPS采用了四星定位，以消除卫星和用户的时间不一致性。RDSS系统也可以采用这种定位原理。

另一种方法是借助已知的用户高程数据（用户所在的位置距离海平面的高度）。因为地心的坐标是已知的，那么用户必然在以地心为中心，以用户的球心距为半径的球面C上，那么球面A、B、C的两个交点之一必为用户所处的位置，而两个交点的取舍极易判断。这种方法就是双星定位的几何原理。

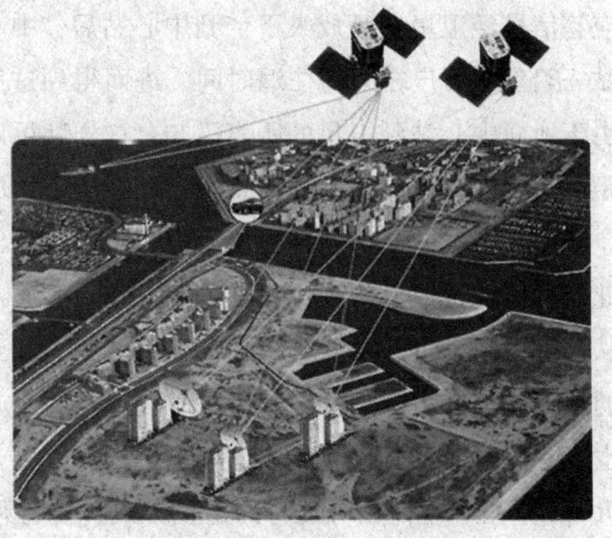

双星定位系统示意图

由此可见，RDSS 系统定位的几何原理与 GPS 相差无几，甚至是完全相同的。关键的不同在于它们是如何测量“用户到卫星之间的真实距离”。

GPS 采用的原理是单程测距。它利用了两只时钟，一只在卫星上，一只在用户的接收机上。用户接收到的卫星信号中，包含卫星发射该信号的时间。把它和接收机本身时钟进行比较，就可以知道卫星信号传到用户所花的时间，这个时间乘以光速就得到了用户到卫星的距离。这种方式下，用户只接收信号，不发送信号，信号只由卫星进行广播。

双星定位的测距原理则与此截然不同。它需要地面中心站几乎实时地参与工作。首先由地面中心站定时向处于 36000 千米高空的同步静止轨道上的两颗定位卫星发送测距信号。其中一颗卫星接收后，经转发器变频放大转发到用户机，用户机接收后立即响应并向卫星发出应答信号。这个信号中包括了特定的测距密码和用户的高程信息。应答信号经卫星变频放大下传到中心站后，中心站算出信号经中心站—卫星—用户之间的往返时间，进而得到这三者间的往返距离。由于地面中心站到卫星的距离已知，这样就可以得出用户与卫星的距离。再综合用户的高程信息和存储在中心站的用户高程电子地图，根据其定位的几何原理，地面中心站便可算出用户的精确位置。此信息再通过卫星传到用户端，用户收到后通常还要发一个回执。从这过程中我们可以发现，在 GPS 系统中只起到校正调整卫星作用的地面站，在 RDSS 系统中则是每次定位的中心，可以说一时一刻也不能离开它，不愧为名副其实的“中心站”。

由于 RDSS 采用了这种相对独特的定位方式，使它和 GPS 在一些性能和应用方面存在差异。

我们首先看看对于导航定位卫星来说最重要的参数之一：定位精度。RDSS 系统的定位精度主要受两方面因素限制：①测距的精度，即测量用户到卫星的距离精度。一般情况下，这个数值在 1 米左右，引起的定位误差约在 3 米。②用户的高程，这主要是针对采用两颗卫星进行定位的 RDSS 系统。这个参数可由电子地图或测高计获得。由高程误差引起的定位误差又与用户相对卫星的位置有关。如用户处于赤道附近时，定位误差就很大，而当用户接近两极时，则几乎不能工作。对处于中纬度地区的用户来说，由高程误差引起的定位误差在 10 ~ 50 米之间，总的定位误差一般要优于 GPS 的民用 C/A 码的水平。例如美国“吉奥星”的定位误差就在 7 ~ 10 米间。

对于导航定位卫星来说，第二个重要参数是系统的覆盖范围。以美国的“吉奥星”为例，它的 3 颗卫星定位在赤道上空，完全可以覆盖美国全境。如果发射6颗卫星，再发射1颗备用卫星，并配合3个地面中心站，那么由7颗卫星组成的星座就会像夜空中的北斗七星一样，给全球除两极以外的人们指引方向。

第三个参数就是系统的定位容量。因为RDSS系统的定位完全是在地面中心站中进行的，中心计算机的容量及处理速度决定了能够同时进行定位的用户数。美国“吉奥星”的业务容量初期只有每小时200万户，后期达到800万户，相当于每秒可同时对2224个用户进行定位。在这一点上，RDSS与GPS相差比较大。GPS是一个广播系统，它的用户容量是不受限制的。但是RDSS的用户容量会随计算机性能的提高而不断增长，完全可以满足其需要。

第四个参数就是它的定位速度。由RDSS的定位原理我们知道，它完成一个定位过程需要信号走四个来回，每个来回大概需要0.24秒。即使不考虑转发及定位计算的时间，也需要近1秒的时间。如果只考虑用户回答询问到收到地面中心站发来定位信息这两个来回，定位时间也需要0.48秒。这导致了RDSS难于进行高动态的定位和连续实时导航。

另外，它具有一些GPS系统所不具备的特点，如低速率的移动通信功能。由于RDSS系统是一个封闭系统，没有授权的用户无法进行定位，因而具有良好的反利用性和保密性。在这两点上，RDSS系统优于GPS定位系统。

RDSS系统其它的性能参数，如可靠性、寿命等，则与原理差异没有关系，完全取决于制造国的科技水平。

正是因为RDSS系统具有较为理想的性能，它在世界范围内得到了广泛的应用。除了美国“吉奥星”系统，类似系统还有欧洲的“洛克星（Lcstar）”系统和中国的“北斗星”系统。目前，由于大多数西方军事强国可以不受限制地免费利用 GPS 的军用 P 码进行精确定位，所以 RDSS 系统主要用于民用。

第四节　太空“向导”大显身手

当今，太空“向导”——导航卫星已在陆、海、空、天四大领域中大显身手，人类的未来的生活也越来越离不开它。

充当海洋舰船的“灯塔”　各种军用舰艇和民用商船，只要装上导航卫星的接收设备，就可以在全球海域航行，随时进行高精度定位和测速，任何时候不致迷失方向，也避免触礁沉没的危险。它还有更广泛的用途，如海军进行海上巡逻、舰队调动与会合、海上军事演习和协同作战、海基导弹瞄准发射，以及海洋测量、石油勘探、海洋捕鱼、浮标设立、海底管道铺设、浅滩测量、暗礁定位、海港领航和海上交通管制等都要导航卫星帮忙，因此，导航卫星非等闲之辈。

充当地面用户的“向导”　地面奔驰的各种车辆和坦克，野战部队、小分队和单个步兵，行进在山峦重叠之地会迷失方向，导航卫星是用户最好的“向导”，它时时刻刻会为用户指明方向。同时，它也可以为大地测量、摄影绘图和地质勘探定位服务。

由太空“向导”提供的精确位置和时间基准，就可以按照命令准确地进行部队调动和集结，炮兵部队可以迅速地进行勘测和定位。在联合演习或多军种协同作战时，就可以指导陆、海、空部队行动，有效地对付敌人。测绘、地质和资源调查等部门的工作人员在野外作业，特别是进入人烟稀少的沙漠地区、原始森林或深山野岭，只要用户带上一台背负式导航卫星接收设备，就不会迷失方向。

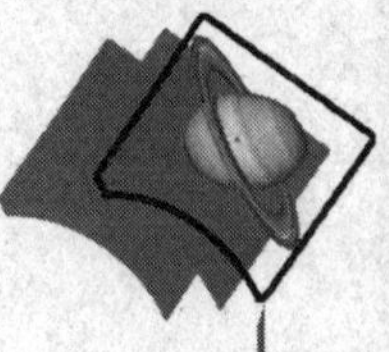

车载 GSP 系统

欧洲“伽利略”导航卫星系统概念

如果铁路系统用静止卫星定位系统进行定位，就可以从全国范围对各类火车和其他车辆进行管理和统一调度，从而大大提高运输效率。对我国这样一个幅员辽阔的国家，其运输效率可以提高 50%左右，可见，其经济效率何等惊人。

充当空中飞机的“领航员”　如果在各种军用和民用飞机装上导航卫星接收设备，就能为各种飞机“领航”，这些飞机就能在广阔空域甚至全球范围翱翔，并随时获得实时连续的高精度的三维位置和速度信息。显然，这对飞机着陆进场、中途导航、空中加油、空中支援、机队会合、空中侦察、目标测定、航空绘图，武器投掷和空中交通管制等受益匪浅。

导航卫星还能为空军通信、指挥和控制系统提供精确时间基准和同步坐标。在多军种协同作战中，就能为部队提供准确的空中支援和侦察、接近敌方工事、简易机场着陆、空投补给品、空降伞兵部队、准确投掷武器弹药和定点轰炸等效力。

充当航天器的“准星”　在太空运行的卫星、飞船等航天器，如果也装上导航卫星接收设备，就能进行导航定位和校时，无疑这大大降低了对地面跟踪测轨和星上计算能力的要求，显著提高了实用效益。如美国“陆地卫星 5 号”，利用“导航星”获得的卫星位置信息，连同地球资源遥感信息一起，经太空的数据中继卫星发回地面，大大提高了遥感图像的定位精度。低轨道侦察卫星利用“导航星”进行星上自主定位，就可以排除因大气模型不准产生的测轨误差，有效地提高了对侦察目标的定位精度。航天飞机、载人飞船及航天站系统对自主导航要求很高，如两艘载人飞船对接，定位精度相当高，而“导航星”系统就是它们最理想的导航定位手段。

为洲际导弹制导　飞行万里的洲际弹道导弹，如果装上导航卫星接收设备，就可在飞行中进行中途制导和末段修正，使导弹按预定弹道飞行，提高命中目标的精度。要想提高各类战术导弹的制导精度，当然也可以照此办理。如果把导航卫星接收设备装在导弹试验时的遥测弹上，就可以精确测出飞行弹道，并通过弹载发射机将数据发回地面，这对改进导弹制导和控制系统的设计大有益处。

做太空武器试验的基准　由于超级大国在太空的军备竞赛日趋激烈，促使太空武器发展迅速，如激光武器、粒子束武器等。导航卫星系统将为“星球大战”计划的天基武器系统提供测速定位、太空战场的指挥与控制、全球 C^3I（指挥、控制、通信和情报）系统标准坐标和时间基准，从而为激光、粒子束等定向能武器的捕获、定向和跟踪提高精度的坐标位置。导航卫星系统与地面探测系统结合起来，能把来自雷达、电视图像、红外、激光和无线电探测仪等探测器的数据，变成同一坐标系的数据，为防空导弹部队打击空中“飞贼”服务，也能为反卫星等拦截武器忠实地效力。

“伽利略”导航系统卫星

充当空中“警察”　空中数以百计的飞机来回穿梭，可是在浩瀚的太空中，竟多次发生飞机相撞，造成机毁人亡的重大事故。如今主要用空中和海上交通管制的“交通管制卫星”，充当空中“警察”，通过用户与地球站之间的无线电信号，对空中飞机、海洋中的舰船进行位置监测和通信联系，保证飞机、舰船各走各的路，避免碰撞。

充当遇难者的“救星” 由几国联合发展起来的具有定位能力的搜索营救卫星系列，也属于导航卫星系列范畴。它的任务是搜索和营救遇难的飞机和海洋的船只。它能接收并转发遇难飞机或舰船应急信标机发出的呼救信号，经地面台站处理后获得遇难者的位置信息。1982 年，苏联发射的“宇宙 1383 号”是第一颗装有搜索营救系统的卫星，它曾帮助加拿大营救了飞机遇难者。美国已将搜索营救系统装到“诺阿”卫星上，它能实时地转发遇难信号。

未来的多用途的全球通用导航系统，将更有效地为海、陆、空、天的用户导航定位服务。

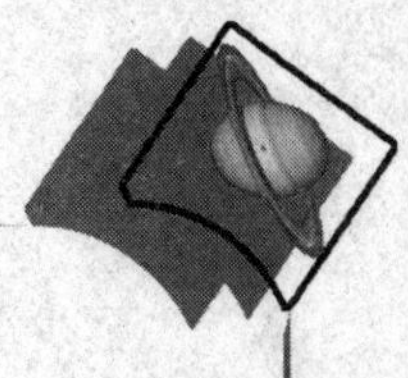

第五章　风云可测——气象卫星

【篇章页导语】

气象卫星将蓝天中的“不测风云”，变为“可测风云”，让人们知道暴风骤雨何时降临，明天天气怎么样。今天，在浩瀚太空中，数以百计的气象卫星在遨游，它们鸟瞰大地，从太空对地球大气进行观测，使人类多年来梦寐以求的，把气象观测仪器搬到太空来观察大气的愿望变成了现实。

第一节　天有可测风云

古人云：“天有不测风云”。在大自然中，天气变化无常，有时风和日丽，万里无云；有时乌云翻滚，电闪雷鸣。从远古时代起，人们就试图识破地球大气变化无常的“性格”，找出天气变化的规律，学会预报天气。

每天的天气是怎么变化的呢？气象学家认为，天气变化取决于大气扰动（波和漩涡）的发展和运动。大气扰动的水平范围很大，从距地面三四百千米～几千千米，而且在一昼夜间，这种扰动竟能扩展上百甚至上千千米的距离。为了监视这些扰动，需要对大约七八千平方千米面积上的大气状况进行观测。三五昼夜的天气预报，至少要有来自半个地球的气象信息，而更长时间的预报，没有全球性的资料是不可能作出的。可是当今世界海洋和陆地的广大地区，很少有气象人员能掌握这么多气象资料。这么多的信息从哪里去获得呢？人类为了探索大自然变化的奥秘，在世界各地建立了成千上万个气象观测站。就全球来看，欧洲、美洲和亚洲部分地区分布的地面气象观测网较多。这些气象站按照国际统一规定，日夜不间断地定时观测各种气象要素的变化。而整个南半球、热带地区、北半球的海洋区域，观测站较少，要想了解或者近似地了解这些区域的大气状态，非常困难。何况，由于地球之大，高山、高原、大戈壁等许多地方，人迹罕至，没有气象观测站，气象资料大量空缺。

传统的天气预报方法是根据各地气象观测台所取得的数据进行的。这样取得的观测数据实际上具有很大的时空局限性，因而造成天气预报的准确性不高。而人造卫星的出现，无疑为气象工作者带来了福音。利用卫星从太空自上而下地观察全球的万千气象，能够获得昼夜连续的和全球范围内的大气变化情况，可以显著提高天气预报的准确性。

1958 年美国发射的人造卫星开始携带气象仪器，1960 年 4 月 1 日，美国发射了世界上第一颗试验性气象卫星“泰罗斯 1 号”。随后，前苏联、日本、欧洲航天局、印度、中国等都先后拥有了自己的气象卫星。其中大部分是军民合用，也有一部分气象卫星专为军事部门使用。如美国的太阳同步轨道的“布络克”号军事气象卫星就为其中之一。

气象卫星一般分为 2 类：①太阳同步轨道气象卫星（也称极轨气象卫星），②地球静止轨道卫星（简称静止气象卫星）。太阳同步轨道气象卫星每天对全球表面巡视两遍，对某一地区每天只能进行

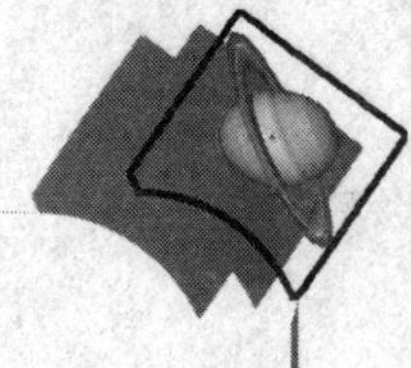

“泰罗斯1号”

两次气象观测，观测间隔在12小时左右。地球静止轨道气象卫星，可以对地球近五分之一的地区连续进行气象观测，实时将资料送回地面。如果将4颗卫星放在赤道上空，就能对全球的中、低纬度地区（纬度小于55度）天气系统的形成和发展连续监测。它的缺点是对高纬度地区（纬度大于55度）的气象观测能力差。如果两类气象卫星共同使用，就可以相互补充，但对于地区性气象观测，仍采用地球静止轨道气象卫星为好。

气象卫星按垦载遥感器接收的电磁波信号的来源，又分为被动式和主动式两类。被动式气象卫星接收的是大气本身辐射或对太阳辐射的反射的反射电磁波；主动式接收的是遥感器本身向地球大气发射经过地球大气反射回来的电磁波。

相比传统的观测方式，利用气象卫星观测地球大气的优势是显而易见的。譬如：

1. 探测范围大，观测时间长。气象卫星可以对大气范围以至全球大气进行昼夜观测、拍照。一颗静止气象卫星，覆盖范围可达全球面积的1/4，可以获得地球上近1亿平方千米的气象资料；绕地球南半极运行的太阳同步轨道气象卫星，每隔12小时左右就能对全球大气进行一次观测，一条轨道在地面的扫描条带宽达2800千米左右。如果在赤道上空布置4～5颗地球静止气象卫星，再加上2颗太阳同步轨道气象卫星，便可使观测范围遍及全球。

美国“诺阿16”卫星拍摄的台风丽丽照片

2. 及时迅速。气象卫星观测资料可以实时快速地传输给地面各接收站，也能把云图、天气图等气象信息快速地转发给地面各用户，同时还能把分散在各地的气象站所测得的温度、压力等气象资料集中起来，再转发给地面用户。

3. 具有连续性、完整性和系统性。气象卫星视场广阔，观测次数多，静止卫星能在20分钟甚至几分钟提供一张云图，这样，就可以使人们直观地了解大气变化的全貌，观测大气形成，发展、变化的全过程，这是常规手段所不能比拟的优越性，对灾害性天气预报更有重要的作用，太阳同步卫星在经过地面台站上空10多分钟内，可获得1000多万平方千米的资料。

4. 不受自然条件和国界的限制，也不受时间和空间的限制，填补了海洋、沙漠、高原等人烟稀少地区的空白。

这就是说，气象卫星一天可以观测到大量的资料。这些资料一般可分为2大类：①图像资料，如可见云图、红外云图、云顶高度图，各种增强显示和彩色显示云图等；②定量探测资料，如温度、湿度、气压、臭氧、大气辐射及高空风向风速等资料。

当然，气象卫星获取资料的范围也是非常广泛的，一是大气中的各种云系；二是地面上的各种不同物质，如海水、陆地、高原、沙漠、盆地、湖泊、冰雪、植被等。

由于气象卫星携带有各种气象遥感器，这些仪器能够接收和测量地球及其大气层的可见光、红外与微波辐射，然后将它们转换成电信号传送到地面。地面台站将卫星送来的电信号复原成各种云图、地表和海洋图片，地面气象科研人员经过分析，就可以了解到地球上云系和天气现象的发生、发展、演变、移动和消失的情况。当然，地球接收站得到卫星发来的云图等资料，不能直接用于天气分析和天气预报，因为这些云图上并未标明它们在什么地区的上空，因此经处理后才能使用。一般来说，图像处理包括确定图像各部分地理位置的卫星云图定位、投影变换、拼图、几何畸变校正、辐射畸变校正等。只有通过这些去粗取精的处理，才能得到以黑白灰度等级不同的云图，这些云图就可供定性分析使用。若要进行定量分析，还须对上述经过处理的图像资料作进一步处理。自然，所有这些处理，都是一个十分复杂的计算过程。而且计算量非常大，但不用担心，计算机会替人们很好地完成这项工作。计算机会按人们的要求给出人们所需要的云图或各种气象数据。

气象科学家为了便于对云图进行分析研究，在计算处理后的云图上以白色表示云，暗黑色表示无云晴空区；在螺旋状云带中有一个小而清晰的黑色小圆点，这就表示台风眼；当螺旋云带的圈数越多，结构越紧密，表示台风强度越大；如果螺旋云系呈“6”字型分布时，台风表示将北上；如果呈“9”字型分布时，台风表示将西行……

气象科学家从处理后的云图中，就可以清晰地了解大气的变化，譬如，在云图上出现下列情况时：红外云图上十分白亮的云带、可见光云图上穿透性对流云体（即在云块背光一侧形成清晰的暗影）、范围几千米的云团，其前缘呈弧状或卵形，表现为头粗尾尖的胡萝卜状云型等。当这些云系过境时，云系过境的地区就会有雷雨、季风、冰雹或龙卷风发生。这就告诉人们，这些地区要注意预防，云系过境时有可能发生暴雨冰雹等灾害。

1985 年 7 月 2 日 14 时 30 分的北京卫星云图照片，就生动说明云系变化造成的天气状况。从这张云图照片可以清晰地看到，在北京上空的西北方向有两个很厚的大云团。这张云图照片经计算机处理后，绘制了云顶等温线，其最低温度达 -60℃，云顶高度达到对流层顶（约 1.5 万 ~1.8 万米）。绘制的云图也说明云层很厚。后来，这两个云团合并，发展成逼点、胡萝卜云型。当云系过境时，造成了北京、天津、保定地区有一个 12 小时、水量 40 ~60 毫米的降水天气过程，并伴随大风和冰雹。

由此可见，人们通过气象卫星的帮助，把自古以来认为天经地义的规律——天有不测风云，来了一个革命性改变，变成“天有可测风云”。

【小链接】

如何观看卫星云图

每天的电视节目中，在天气预报时都展现一幅彩色卫星云图照片，它就是气象卫星从太空对地球和大气进行观察时拍摄的。我们怎么观看这些云图照片呢？其实，云图上的阴暗、色彩、色调、对比度，清晰地反映了各种物体的反射率，而且它与太阳高度、云雨对观测仪和太阳相对角度等因素相关。

通常在黑白两色的卫星云图中，白色部位便是云雨之处，而且越白说明雨量越多，云顶的温度也较低；在彩色卫星云图中，由于它是经计算机处理后分白、绿、蓝三色，观察起来效果就更好。在彩色云图中，白色也代表云雨，浓白色说明云层很厚，意味着将有大雨、暴雨、冰雹甚至台风等。如果在云图上出现了白色旋涡状，则更肯定是台风即将来临，这个白色旋涡云团表明是强风暴雨区，如果在白色云图中心有一个小小的阴暗区，说明该处是台风风眼，无云雨。云图中的绿色表示陆地表面，蓝色表示海洋，而且颜色的深浅表示温度的高低。现在人们每天看见彩色云图，是采用红外扫描辐射计获得的，是较先进的手段拍摄的，因此，天气预报率比较高。

第二节　不断壮大的气象卫星家族

美国是最早研制和发射气象卫星的国家。

从1960年4月1日发射了世界上第一颗气象卫星“泰罗斯1号”（Tiros-1）开始，美国共发射了10颗“泰罗斯”系列气象卫星。接着又发射了“艾萨”号（ESSA）太阳同步轨道气象卫星、地球静止轨道的“地球静止环境业务卫星”（GOES）、新一代三轴稳定静止气象卫星和“诺阿”系列极轨气象卫星。

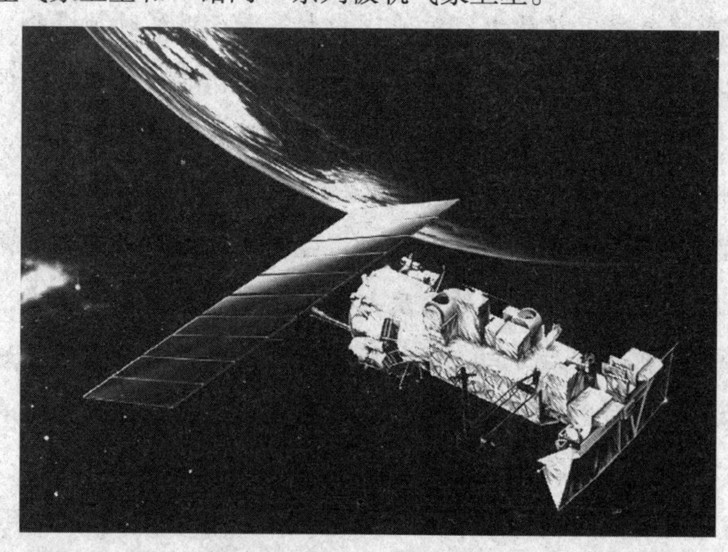

美国“诺阿15”极轨气象卫星

“泰罗斯”号气象卫星是美国发射的第一个试验气象卫星系列，属“长子”。

这颗试验气象卫星呈 18 面柱体，高 48 厘米，直径 107 厘米。卫星上装有电视摄像机、遥控磁带记录器及照片资料传输装置。它在 700 千米高的近圆轨道上绕地球运转 1135 圈，共拍摄云图和地势照片 22952 张，有用率达 60%。美国 1960 ~ 1965 年间，共发射了 10 颗“泰罗斯”气象卫星，其中只有最后 2 颗才是太阳同步轨道卫星。“泰罗斯”号气象卫星无疑极大地提高了天气预报的准确度，不过美中不足的是云图的分辨率不够高，适时性也不理想。因此，美国研制了更先进的气象卫星——“艾萨”号。

“艾萨”是“次子”，但它是第一代太阳同步轨道气象业务应用卫星。从 1966 年至 1969 年，先后发射了 9 颗，轨道倾角约 102 度，轨道高度约 1400 千米，云图的星下点分辨率为 4 千米。虽然“次子”的本领比“长子”强，贡献也比“长子”大，但仍有瑕疵。

美国第三代太阳同步轨道气象卫星系列是“泰罗斯 N/诺阿”卫星。它与地球静止环境业务卫星等系列配合默契，严密监视全球天气变化。这个系列的第一颗卫星是 1978 年 10 月 13 日发射的，卫星在太空工作了 28 个月。以后每年发射 1 颗，共发射了 8 颗。

“泰罗斯 N/诺阿”卫星长 3.7 米，直径 1.9 米，发射重量约 1400 千克，轨道倾角 99 度，高度约 850 千克，轨道形状近似圆形，周期 102 分钟。在太空两颗卫星同时观测，但彼此相隔 96 度。卫星携带的气象规测仪器主要有高分辨率扫描辐射计和垂直探测器。它拍摄的云图等资料可以实时地传输给地面，也可以将全球的云图资料存贮于卫星的磁带机内，在卫星飞经地面接收站时，再传输给地面。它每天可输出全球范围内 16000 个点的大气探测资料，20000 ~

40000个点的海面温度测量值，100多张云图。1982年英阿战争中，美国向英国部队提供的大量气象图像资料，就是由这类卫星获得的。

在气象卫星家族中，另外一个重要成员是地球静止环境业务卫星（GOES），它是美国第一代地球静止轨道气象卫星，第一颗是1975年10月16日发射的。卫星外形是一个圆柱体，高2.6米，直径1.9米，重294千克，工作寿命3年。卫星携带的气象遥感器是可见光和红外扫描辐射计，星下点分辨率：可见光为0.9千米，红外为8千米。它拍摄的云图一帧有1280条扫描线，对连续观测4帧以上的云图进行数据处理，可获得风速和风向，风速的精度约3米/秒。卫星观测的原始云图数据可及时传送到地面，经数据处理后，再通过卫星每隔3小时向各地广播一次适用的云图资料，各地接收后便可以进行气象预报。

美国GOES静止气象卫星

前几代气象卫星虽然提供了大量的气象资料，但卫星云图分辨率不高，效果依然不是很理想。但是，这一情况从1994年4月美国发射了新一代三轴稳定静止气象卫星的第一颗星GOES－8开始发生了改变。该卫星系列携带可同时单独工作的成像仪和大气垂直探测器。

三轴稳定卫星改变了自旋卫星每旋转一圈只对地球扫描一行的工作方式，始终不断地监视着地球，大大提高了图像质量、观测效率和时间分辨率，可获得有关云的形成更加详细的资料，对监测中小尺度，特别是短时间、小尺度天气系统十分有利。而1998年5月发射的第5代极轨气象卫星“诺阿－15”则是经过20年建设和发展后的新一代气象卫星，标志着极轨业务气象卫星技术已经成熟。“诺阿－15”的遥感器在“诺阿－14”的基础上有较大幅度更新。这一系列共5颗星，装载先进甚高分辨率辐射计（AVHRR）以及由先进微波探测器（AMSU）和高分辨率红外辐射探测器（HIRS）－3组成的业务垂直探测器。

在轨道上同时运行两颗星，一颗上午星，一颗下午星，每天可对全球进行4次观测，可获取全球全天候卫星遥感资料。计划发展的第6代极轨业务环境气象卫星系统，将原来的“诺阿”极轨业务环境卫星系统与国防气象卫星系统合并，使卫星遥感资料能同时满足军用与民用的要求，达到一星多用的目的。它与GOES等系列卫星配合组成了一个严密的全球天气监测网，卫星上携带着高分辨率扫瞄辐射计和垂直探测器。它拍摄的云图可以及时传输给地面，也可以把A地的云图贮存在磁带里，在卫星飞经B地地面接收站上空时传给B地。它每天可输出全球范围内16000个点的大气探测资料，20000～40000个点的海面温度测量值，100多张云图。从1960年的

"泰罗斯 1 号"（TIROS－1）到目前正在运行的"诺阿 14"（NOAA－14），美国的民用极轨气象卫星共发射了 42 颗卫星，并且在 2010 年以前将发射军民合用的新一代卫星 NEPOSS，把极轨气象卫星的技术和应用水平推向一个崭新的阶段。

俄罗斯"流星 3 号"气象卫星

美国接连不断向太空发射气象卫星，苏联也不示弱。前苏联发射的气象卫星称为"流星"号，在 1969～1982 年间已经发射了 40 颗。"流星 2 号"卫星为太阳同步轨道卫星，每天 2 次探测全球有关云层分布、雪和冰层覆盖、地面温度、云顶高度等数据，将数据传给本国及其他国家的 60 个自动图像传输站，业务十分繁忙。20 世纪 70 年代后期，日本和欧盟也相继发展了自己的系列静止气象卫星。日本 MS/MTSAT 静止气象卫星：第一颗 GMS（GMS－1）1977 年发射，现在正在运行的是 GMS－5。欧空局于 1977 年 11 月发射了第一颗准气象静止气象卫星 Meteosat－1，迄今共发射了 7 颗。

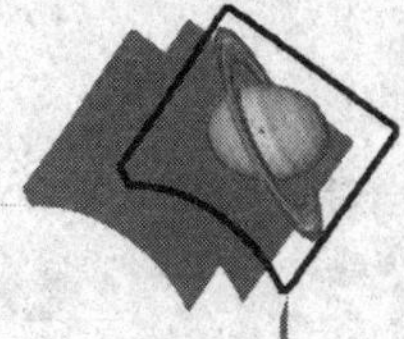

欧洲气象卫星

1988 年 9 月 7 日，我国自己的气象卫星——“风云 1 号”进入太空，为预报气象而巡逻在太空。卫星云图的清晰度可与美国“诺阿”卫星云图媲美，但由于卫星上元器件发生故障，它只工作了 39 天。后成功发射了 4 颗极轨气象卫星（“风云”号）和 3 颗静止气象卫星（“风云 2 号”），经历了从极轨卫星到静止卫星，从试验卫星到业务卫星的发展过程。

目前，我国的极轨气象卫星和静止气象卫星已经进入业务化，在轨运行的卫星分别是“风云 1 号”D 星（2002 年发射）和“风云 2 号”C 星（2004 年发射）。

中国“风云1号”极轨气象卫星

2008年5月27日11时02分，我国首颗新一代极轨气象卫星“风云3号”在太原卫星发射中心用我国自行研究的“长征4号丙”运载火箭发射升空（“风云3号”成功发射后，将取代目前在轨的“风云1号”D星）。这颗装载10余种先进探测仪器的卫星升空后，将使中国气象观测能力得到质的飞跃。

第三节　气象卫星显神威

自从气象卫星遨游太空以来，它们大显神通，时时刻刻都为人类作出重大的贡献。

利用气象卫星进行天气预报，特别是对灾害性的天气预报，可以减少人民生命财产的巨大损失，如美国使用了先进的气象卫星以后，每年可从120亿美元的自然灾害损失中挽回几十亿美元，准确的天气预报使印度每年能受益10亿~15亿美元。

从气象卫星上获取的云图和气象资料，对工农业生产、航空、航海、捕鱼、军事保障及日常天气预报是卓有成效的，而且促进了气象科学、海洋及大气科学的研究和发展，可以实现对全球气象的连续观测和预报。卫星云图的问世，使气象预报员早在台风刚刚形成、远在千里之外时，就能看清它的外貌特征，确定它的中心位置和强度，并追踪它的移动路径和方向。1968 年 8 月，气象学家们从一颗“艾萨”卫星发出的最新气象云图中看到在加勒比海上空有一个破坏性很大的台风云构造。这个云构造随着时间的推移变得越来越强大，这预示着一场罕见的强风就要来临。于是，气象部门及时向当地居民发出警报，要求他们迅速向北转移，结果避免了一场可能会造成 500 多人死亡的悲剧。

日本“葵花”气象卫星

美国的统计资料告诉人们，美国每年用于气象卫星的投资平均2亿~3 亿美元，可是得到的经济效益达数十亿美元。何况全世界都在使用气象卫星，可见其经济效益是非常巨大的。

气象卫星获得的大量气象资料，往往是常规方法无法得到的，自然很难用金钱进行估价。气象学家和气象人员用这些气象资料，极大地提高了预报时效和准确率，特别是对灾害性天气的监视能力。

譬如，美国从 1975 年开始用静止气象卫星监视龙卷风以来，死亡人数明显减少，由 1969～1974 年每年平均死亡 80 多人降低为 1975～1982 年每年 50 多人。气象卫星能准确地跟踪台风的收益就更大，仅飞机巡逻监视台风的飞行费，每年就节省约 180 万美元。在苏联，由于气象卫星及时向人民预报了台风、风暴等有害天气，一年受益不下 5 亿卢布。

气象卫星大大改进了天气预报质量，获得了巨大的经济效益。如美国每年因灾害性天气给农业造成的损失能减少 50 亿美元；利用卫星提供比较准确的预报，由此选择航线，每年至少可减少海上航行事故所造成损失的 10% 左右，收益约 5000 万美元；而冬季在美国五大湖区，根据气象卫星资料判明冰区位置，以增加通航时间，每增加一次航行，就能得益 100 万美元；捕鱼渔船根据卫星云图给出的冷暖洋流位置，避免花费很多时间在茫茫大海上到处寻找渔场，1975 年美国统计了 200 条船，仅燃料费就省下了 58 万美元；气象卫星绘制美国西部各条河流流域的冰雪覆盖图的费用只有飞机航测的 1/200。

气象卫星的应用在军事领域中同样具有十分重要的战略地位。在海湾战争、科索沃战争、阿富汗战争和伊拉克战争中，气象卫星的军事应用均比较突出。伊拉克战争中，气象卫星成为战时获取战区气象资料的主要手段。气象卫星对战区进行的连续天气监测，不仅为军事气象部门提供了气象保障决策数据，而且大量的气象卫星探测资料以及战区气象部门为战区指挥系统提供的各类短期、中期和长期天气预报共同构成了战时气象信息。把这些信息与战区 C^4I 系统中其它信息进行综合分析，结果对战役的进程产生了重大影响。战争中包括“国防气象卫星”在内的各类气象卫星为军事用户提供气象数据以及陆地、海洋和日地物理数据，为军事航天和航空照相侦察提供保障，为航空飞行和轰炸提供服务，为舰队航海提供保障，并为战场后勤及技术保障提供参考数据。可以说，正是因为美军充分发挥了气象卫星的作用，规避不利时机，掌握了良好的“天时”，才能为凭借强大的军事力量，以较短的时间、较少的兵力、较小的伤亡取得了战争主动权，直至取得最终军事胜利打下良好的基础。

气象卫星能够快速提供丰富的多光谱数字动态信息，仅仅用于天气预报，无疑是一种浪费。气象科学家经过不断地探索和总结，终于发现它可以在许多非气象领域加以应用。

其中植被遥感是气象卫星在非气象领域中最为广泛和成熟的应用之一。通过作物的长势情况，评估小麦产量的实验获得成功。进而扩大到玉米、水稻产量的评估。还可以根据作物区的水汽情况，指导作物灌溉节约用水。

通过气象卫星分析河流入口处泥沙扩散情况，为海港建设选址提供可靠的依据。

气象卫星的遥感器对森林火灾更为敏感，一旦发生火灾，很快就能给予报告，并进一步对火情进行监视，指导抢险救火工作的顺利进行。

美国旧金山区域服务中心，利用气象卫星资料向渔民发布海面温度分布图，给出冷暖水域交界的锋面位置，帮助渔民寻找渔场，仅燃料费 1 年就节约了 58 万美元，加上捕鱼量的增加，效益是非常显著的。

美国有许多河流的水源主要来自融雪，因此，积雪覆盖情况对洪水报警、水力发电、生活用水、农业灌溉等水资源管理关系重大。所以，每年要制作大量的冰雪覆盖图。过去用飞机测绘制图，仅内华达山脉 20 条河流流域，每次都需耗资 2 万美元；现改用气象卫星测绘，每次只要 2 个工作日，耗资 200 美元，每年可节约开支 100 万美元。

气象卫星利用油气微渗漏的探测，在矿产勘查中寻找油气资源。我国就利用卫星遥感资料，在西藏地区发现了含油地质构造的线索，从而推翻了西藏地区无油气的论断。利用气象卫星还可以勘查浅层地下水资源。

蝗虫的繁殖和迁徙与温度、湿度、土壤水分含量和农作物生长状态等因素密切相关，因此，气象卫星可以通过对上述参数的监测，从而对蝗灾进行预报。一旦发现某一地区的环境因素达到容易诱发蝗灾的时候，立即通知有关部门，赶赴现场喷洒农药，把蝗灾消灭在萌芽之中。为此，西非、中亚和北非等蝗虫高发区，每年农作物减少损失 20% 以上。

在我国，作为气象服务的重要支撑，气象卫星在台风、暴雨、强对流、锋面、季风型热带辐合带等天气系统的监测方面发挥着无法替代的作用。

我国自有了卫星云图，在西太平洋和南海上，没有漏报过一个热带低压和台风，使商船、渔船及沿海人民减少了生命财产的损失，经济效益可观。同时，在使用和分析云图基础上，总结和编制出一个使用卫星云图预报台风的流程。卫星云图揭示了青藏高原天气系统的新情况，如孟加拉湾风暴越过“世界屋脊”等，使人们对高原大气变迁有进一步的了解。卫星云图在暴风天气分析和预报中，也起了重要作用，如 1981 年夏季四川盆地和 1983 年 7 月底陕西安康地区的两次百年不遇的特大暴雨预报中，以卫星云图作依据，参考了常规观测资料，准确地预报暴雨来临，从而减少了生命财产的损失。1985 年 8 月，我国东北三省受到 6、8、9 号台风的袭击，河水暴涨，泛滥成灾。卫星云图帮助气象人员及早作出正确的预报，使人民免受损失。难怪有群众说，气象卫星是监视灾害性天气的“空中千里眼”。卫星云图还为 1981 年长江抗洪抢险作出贡献，卫星云图告诉人们每天洪水变化情况，长江沿岸人民根据洪水变化趋势，及时做好了防汛工作。1985 年 8 月，中国东北三省受到 6、8、9 号强台风的袭击，河水瀑涨，泛滥成灾。由于气象部门根据卫星云图及早地做出了正确的预报，大大减少了损失。1986 年 4 月 21 日 14 时，中国国家气象局卫星气象中心根据卫星红外云图，及时发现了内蒙兴安盟长 70～80 千米、宽 25 千米的森林大火。有关部门接到警报，立即进行紧急动员，及时扑灭了这次可能造成巨大损失的山火。另外，被命名为“卡拉”和“卡米尔”的飓风曾被国际气象组织准确测出，及时地组织 30 万人撤离，挽救了 5 万人的生命。而令人记忆犹新的 1998 年的大洪水，也因为气象卫星提前两个月做出了预警，国家随之采取了一些相关的防范措施，使损失减少到最低。2004 年的超强台风“云娜”的强度和移动路径与曾经在 97 年造成重大经济损失的 9711 号台风非常相似，借助于气象卫星所提供的准确初始场，中国气象局制作了准确的台风登陆警报，由于采取了应急响应措施，人员财产损失明显降低。从统计结果看，2004 年，全国因台风、暴雨等引发的洪涝灾害死亡、失踪人数仅是 90 年代年平均水平的 32.6%，直接经济损失仅是 90 年代的 59.7%。

在社会经济迅速发展的今天，大雾对公路、铁路、航空、航运、城市供电产生着严重的影响。2002 年由于大雾造成的航班延误多达上千次，数万人次滞留机场，近万艘船只航运受阻。气象卫星具有覆盖范围大、观测频次高、信息源可靠、直接投入成本低的特点。

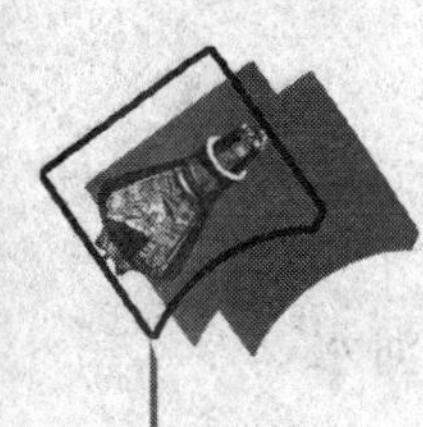

卫星云图上可以看出台风等强对流天气

近几年来，中国气象局及其下属省市气象局以风云气象卫星为主有效地开展了大雾监测和预报业务，取得了显著效果。

2000 年后，沙尘暴频频光顾大中城市，它不仅严重影响人们的生活，也对环境造成严重危害，仅 1993 年“五·五黑风”一次沙尘暴过程就导致 67 人死亡、20 人失踪，经济直接损失 2.45 亿元。由于西部地区气象观测站点稀少，对西部地区沙尘活动的有效监测主要依靠气象卫星来解决。2002 年沙尘暴卫星遥感监测系统投入业务化运行，当年监测到不同强度的沙尘暴过程 12 次。

为服务 2008 年北京奥运，中国气象卫星家族成员齐上阵。当时在轨运行的极轨卫星“风云 1 号”D 星，静止卫星“风云 2 号”C、D 双星，处于在轨测试阶段的中国新一代极轨卫星“风云 3 号”A 星，擦亮眼睛，监测北京奥运期间的风云变幻。“风云 2 号”C、D 星两颗“姊妹星”，形成“双星观测、互为备份”的格局，在中国上空3.6万公里的高度上静观天气变化；而“风云1号”D星和“风云3号”A星则围绕地球南北两极不断旋转，对天气进行全球、全天候、三维和定量化探测。一动一静的配合，让奥运期间的风云变化全都落入卫星敏锐的监视范围内。

在我国海洋、航空交通、农业等许多部门也广泛利用卫星气象资料，譬如，我国的“泰罗斯N号”地面接收处理系统，不仅能为气象科研人员提供大量的气象资料，而且使进一步开展气象卫星资料得到更广泛的应用，如海冰监视、渔场分布和鱼情预报、冬小麦估产、植被监测、区域地质构造绘制、高原冰雪分析等方面。

未来全球静止气象卫星、极轨气象卫星和资源卫星与其他对地观测卫星一起，将组成功能强大的全球对地观测网，人类将迎来卫星对地遥感新的发展时期。

第六章　巡天察地——地球资源卫星

【篇章页导语】

地球资源卫星是和人类生活联系最密切、在国民经济中应用最广泛的实用型卫星之一。它是在军事侦察卫星和气象卫星的基础上发展起来的，同时也应用了航空勘探的技术成果。它采用航空遥感技术，帮助人们寻找地下丰富的矿藏，调查森林、水文、耕地种植和农作物生长等情况，发挥着不可替代的巨大作用！

第一节　神奇的卫星遥感技术

在我们居住的地球上有着极其丰富的资源。然而，进行实地勘探时往往受到一些条件或地理位置的限制，如冰雪覆盖的两极地区、人烟稀少的崇山峻岭，浓荫蔽日的原始森林或干旱荒芜的沙漠地带，特别是蕴藏着无数资源的浩瀚海洋，利用地面的直接勘测显然无法完成，而对于诸如区别农作物的类别、成熟程度，区别森林树木的品种、长势，及时发现病虫危害和观察防治效果，以及了解、掌握河流水位的变化，海洋洋流的动向和浮游生物的迁移等，都是在地表难以实行全面观察的。这一系列的工作就带来了一种多用途人造卫星——地球资源卫星的诞生和发展。

1972年7月23日，美国发射了一颗不寻常的人造地球卫星，名字叫“地球资源卫星”，后改名为“陆地卫星”。它是由气象卫星改装而成的，外形像一只大蝴蝶。这颗卫星重892千克，中央是一个塔形体，底部直径约1.2米，高3米。

从运行轨道上看，它不像大多数卫星那样在椭圆轨道上运行，而是在离地面高度为920千米的圆轨道上运行。卫星轨道平面与地球赤道平面的夹角也比较大，为99度，这是为了能使卫星飞越全球各地。表面上看，这是一颗很普通的卫星，但它的发射却引起了全世界的关注。为什么呢？原因就在于这颗卫星发射的特殊目的和它所采用的全新探测技术。

发射这颗卫星的目的，可以用它的名字来说明。“陆地卫星”，顾名思义，就知道它是用来探测地球陆地资源的卫星。

什么是地球的资源呢？一般是指那些与人类生活密切相关的基本物质，如粮食、空气、水、燃料、矿物等；也包括那些与人类生活密切相关的自然环境，如大气层、海洋等。环境实际上也是一种可供利用的资源。地球资源卫星除了要探测煤炭、石油等矿藏，森林、草原、农作物、水源等外，那些同资源和环境有关的问题，例如，粮食产量的估计、土地的利用情况、环境污染的范围和程度，还有水灾、旱灾、森林火灾、农作物病虫灾等灾害的探测，都是属于资源卫星探测的内容。因此，对陆地进行的探测虽然没有像派航天器去探测月球、火星、金星那样充满神秘感，但是却与人类的生活息息相关，所以，“陆地卫星”的发射，理所当然地受到了人们的极大重视。

这颗卫星采用的探测技术为什么也引人注目呢？原来它所采用的是一种不接触被测对象，就能够从远处测出对象的特性的探测技术，叫遥感技术。用遥感技术拍下的照片，叫做遥感照片。

其实，在我们未认识“遥感”和使用“遥感”一词以前，遥感现象早已存在，遥感技术也已有应用。

我们知道，蝙蝠是一种昼伏夜出的动物。它不论在茫茫的暮色之中，还是在漆黑一团的岩洞和古庙里，都能穿梭般地飞来飞去，从不会相碰或撞到什么东西上。而它那捕食的灵活性和准确性，却是十分惊人，它一分钟竟能捕捉十几只蚊子。蝙蝠之所以具有这样惊人的本领，是因为它不仅能够向外发射超声波（由喉咙产生，通过嘴和鼻孔向外发射），而且能够接收（用耳朵）这些超声波的反射回波。因此，蝙蝠就能够判明物体的距离和大小，判明是食物还是敌人，或者是障碍物。蝙蝠这种本领就是自然界的遥感现象。

遥感可分为地面遥感、航空遥感和航天遥感。航空遥感是把遥感器放在高空气球、飞机等航空器上进行的遥感；航天遥感是把遥感器装在航天器上进行的遥感。按照获得的资料种类，又分为图像方式遥感和非图像方式遥感2大类。

航天遥感是由卫星（或其他航天器）上装备的各种遥感器完成的，目前常用的遥感器有多谱段的照相机、多光谱扫描仪、微波辐射计或合成孔径雷达等。它能从不同高度、大范围、快速和多谱段地进行感测，获取大量信息，也能周期性地得到实时地物信息，因此，航天遥感技术在国民经济和军事的很多方面获得广泛的应用。例如应用于资源考察、气象观测、军事侦察、地图测绘等。

航天遥感按工作波长不同，通常有可见光遥感、红外遥感、多光谱遥感和微波遥感等方式。

可见光是人们眼睛能看见的光波，因此，可见光遥感是应用比较广泛的一种遥感方式，它工作在波长为0.4～0.7微米可见光波谱

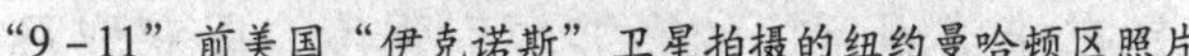

“9－11”前美国“伊克诺斯”卫星拍摄的纽约曼哈顿区照片

段。它能把人眼睛可以看见的景物真实地再现出来，具有直观、清晰、易于判读的效果。常用的可见光遥感器是照相机，目前卫星上的照相机在160千米的太空拍照，其地面分辨率达0.3米，也就是说，可以分辨地面走动的人。缺点是可见光遥感只能白天工作，而且受云、雨、雾等气象条件影响很大。

红外遥感工作在波长0.7～1000微米的红外波谱段。它是根据物体表面温度高于零下273摄氏度时，都具有辐射红外线的物理特性，来测得物体红外辐射强度、波段和温度的，从而识别伪装并可进行夜间观察。红外遥感常用于寻找地下热源、发现森林火灾、监视农作物病虫害等。红外遥感虽然能在夜间工作，但它却无法穿透厚厚的云层。常用的红外遥感器是光学机械扫描仪。

多光谱遥感是可见光遥感和红外遥感巧妙的结合。它是根据不同物体对不同波长的光线具有不同反射能力的原理，利用多个相机或多通道传感器对目标摄影或扫描，从而同时获得目标在不同光谱带的图像，然后选取若干张照片进行组合，可得到一张假彩色照片。假彩色照片是指照片颜色与真实物体不同的照片，如田里的小麦本来是绿色，但在假彩色照片里故意将小麦变红色，目的使人一目了然。人们观看假彩色照片便可了解地面景物。常用的多光谱遥感器有多谱段相机和多光谱扫描仪。

微波遥感能感测比红外辐射波长更长的微波辐射，工作波长在1～1000毫米的电磁波段。它具有穿云破雾、夜间工作的能力，是一种全天候的遥感手段。微波遥感器分主动式和被动式两种。主动式有合成孔径雷达、雷达测高计和微波风场散射计等，它们主动向地面发射微波并捕获目标，以获得目标图像或参数；被动式有微波辐射计等，它是直接感测目标的微波辐射强度，以获取目标的参数。微波遥感可以观察云层覆盖下的景物，获取的图像具有鲜明的立体感，因此，在地学研究中广泛应用。

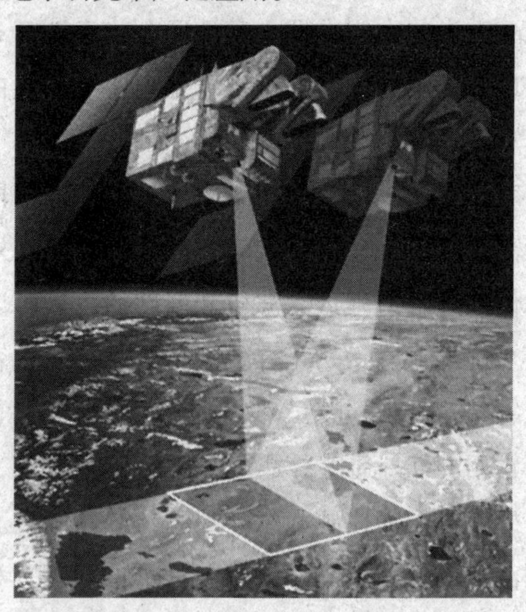

法国“斯波特”地球资源卫星遥感示意图

所有这些航天遥感器都好似太空的“慧眼”，昼夜注视着地球，地面、地下的“宝物”休想“逃过”太空的“慧眼”。

人们从太空“慧眼”获得大量图像，但还不能直接辨识地面或地下景物，这是因为遥感时，由于遥感器所获的图像信息会受到外界因素的影响，因此需要对图像信息进行加工处理，以达到去粗取精、去伪存真的目的。外界因素譬如卫星的运动、仪器的误差、目标的移动、大气吸收和散射、地球曲率等的影响，使遥感图像发生几何畸变或辐射畸变。

图像处理首先对遥感图像信息进行校正或修正，再经配准、增强、滤波及修正，便可得到再现景物原来面貌的黑白或彩色照片、假彩色照片或计算机数字磁带等。只有经过处理后的图像（照片），人们才能从图像上去辨识地面或地下景物。

遥感技术的发展为从太空观测地球资源奠定了技术基础。从1962年起，人们开始研究航天遥感技术，并逐步应用遥感技术来研究地球资源，如美国密执安大学红外光学实验室所进行的“地球资源光谱信息研究”就是其中一例。1966年，美国又提出了“地球资源观测卫星计划”，研究遥感技术和太空观测在地球资源勘测中对哪些领域有用以及如何利用等问题。1967年，美国地质调查所提出“卫星携带电视摄像机，沿太阳同步轨道飞行，对地球进行重复观测”的建议，这建议后来被美国国家航空航天局采纳了。

这样，经过几年的酝酿和研究，逐步形成了地球资源卫星的设想。1972年7月23日，美国发射了世界上第一颗地球资源卫星，后改名为“陆地卫星1号”。于是，第一名陆地“勘测员”诞生了。

由于美国地球资源卫星的上天，以及其发回的遥感信息的广泛应用（特别初期在军事上和农业上的应用），使人们认识到利用地球资源卫星寻找、开发、利用和管理地球资源是一种非常有效的手段，于是各国争先研制自己的地球资源卫星。到目前为止，已先后有美国、俄罗斯、法国、印度、日本、加拿大等国家发射了自己的地球资源卫星（或称用于地球观测的卫星）。20 世纪 80 年代末，中国和巴西开始联合研制中巴地球资源卫星（CBERS），并发射成功，投入使用。

在近 30 年的发展过程中，最具代表性的有美国的“陆地卫星”系列（Landsat），法国的“斯波特”卫星系列（SPOT），印度的遥感卫星系列（IRS）和加拿大的“雷达”卫星（Radarsat）等。

1. 美国的“陆地卫星”（Landsat）

美国的“陆地卫星”是世界上最早发射的地球资源卫星，“陆地卫星 1 号”于 1972 年发射。到今天，它已经研制并发射了 3 代“陆地卫星”。虽然其遥感有效载荷全部是光学遥感器，然而其空间分辨率和波谱分辨率有很大的提高。现在，已到了“陆地卫星 7 号”。

美国“陆地 7 号”地球资源卫星

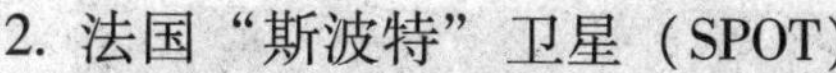

2. 法国“斯波特”卫星（SPOT）

法国的“斯波特”卫星研制起步较晚，但由于采用了具有特色的设计思想和技术，使得法国的SPOT卫星很快在民用对地观测领域占有一席之地。其特点是有斜向扫描，能立体成像。

3. 印度遥感卫星（IRS）

1988年印度发射第一颗IRS卫星，此后又发射了多颗IRS系列卫星。其特点是1994年发射的IRS－P2有一波谱的空间分辨率达到5.8m。

4. 加拿大“雷达”卫星（Radarsat）

加拿大在对地观测方面，独辟蹊径，将目标瞄准在雷达卫星。其特点是工作不受时间和气候条件的限制，能够全天候地工作。

5. 中巴地球资源卫星（CBERS）

1999年10月，我国和巴西联合研制的第一颗数字传输对地遥感卫星——“资源1号”01星发射成功。继“资源1号”卫星发射成功后，2003年10月，我国又与巴西合作研制发射成功了“资源1号”02星。这两颗卫星的研制和发射成功，填补了我国资源卫星的空白，卫星数据广泛应用于农业、林业、水利、矿产、能源、测绘和环保等众多领域，取得了显著的应用成果，被誉为“南南合作”的典范。

2000年9月，我国自行研制的中国“资源2号”01星发射成功，此后，又分别成功发射02星和03星，其分辨率比“资源1号”系列卫星更高，而且形成了三星联网。

此外，欧共体、以色列亦都有性能很好的地球资源卫星。

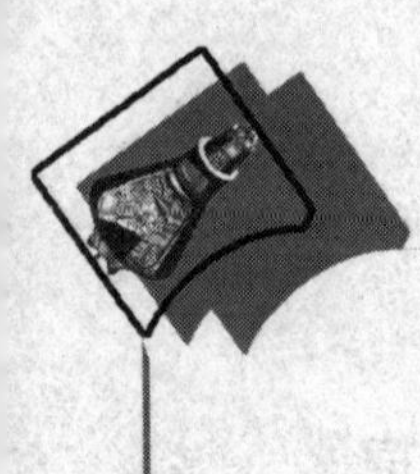

中国“资源1号”地球资源卫星

第二节　从太空绘制海底地图

我们的地球是一个大“水球”，是一个有辽阔水域覆盖的星球，浩瀚的海洋占据地球表面的71%。由于这块体积无比巨大的水体的遮盖，使我们至今对海底地形的真实面目还知之甚少。虽然从古代开始，就有人乘坐木船冒着千辛万苦用铅垂测线测绘海底地形，近代发展到海洋调查船用声波遥测水深，但是测绘船的航迹和无垠的大海相比，显得十分渺小。今天，我们所看到的世界海洋图是模糊不清的，它只能给我们一个海底概貌。

近年来，随着大型深水驱动船舶的下水，核动力潜水艇在世界海域里游弋，对海底地形的了解就需要更多更细，而海洋卫星就可以帮助完成这项任务。利用海洋卫星绘制世界海底地貌图既经济又准确。海洋卫星是用以监测世界水域的科学实验卫星，它的主要使命是利用微波遥感从太空观测海洋。

1978 年 6 月，美国发射了第一颗海洋资源卫星——“海洋卫星 1 号”，于是，第一名海面“勘测员”又诞生了，可惜工作 105 天后，由于卫星故障而失灵。它采用高度约 800 千米的近极地圆轨道，轨道倾角为 108 度，周期为 101 分钟。卫星与运载火箭末级连在一起，重约 2.3 吨，卫星上有 5 种主要遥感仪器：1 台 L 波段合成孔径雷达，它是第一台空间对地遥感的成像雷达，观测带宽为 100 千米，分辨率为 50 米，可在各种天气条件下观测海水特征、海水漂移、水陆界面、海水波浪，寻找鱼群，测绘航路；1 台雷达高度计，用以测量海浪、海涌的高度及海面的粗糙度；1 台微波散射计，用以测量海面风的方向和速度；一台微波辐射计，用以测定海面温度、海水分布及海面风；1 台可见光和红外扫描辐射计，用以拍摄海洋照片，帮助人们识别海流、暴风雨、海冰、岛屿等。这些仪器在卫星运行中获得了大量数据，可为绘制世界海底地形图提供充足资料。

原来，世界海洋表面并不是一个平坦如镜的球体，即使除去波浪、潮汐和洋流等外部作用力干扰，它仍然是凹凸不平的。这种高低起伏受水下地形和重力的影响。一般来说，凡是海底耸立高山的地方，海水也微微起伏，而海底有深沟的地方，海水也呈现凹陷。从日本向东方航行至太平洋中部海沟，洋面要下降约 20 米，可见海水起伏与水底地貌是相互对应的。

将海洋卫星雷达测高仪获得的数据用计算机处理以后，就可以按照逐点的经纬度标绘呈现出水下地形的面貌。这是一张剥去海底的水罩的鸟瞰图。从上面，我们第一次清晰看到了千百万年隐藏在“水晶宫”下的奇观，这里既有比珠穆朗玛峰还要高的火山山峰，也

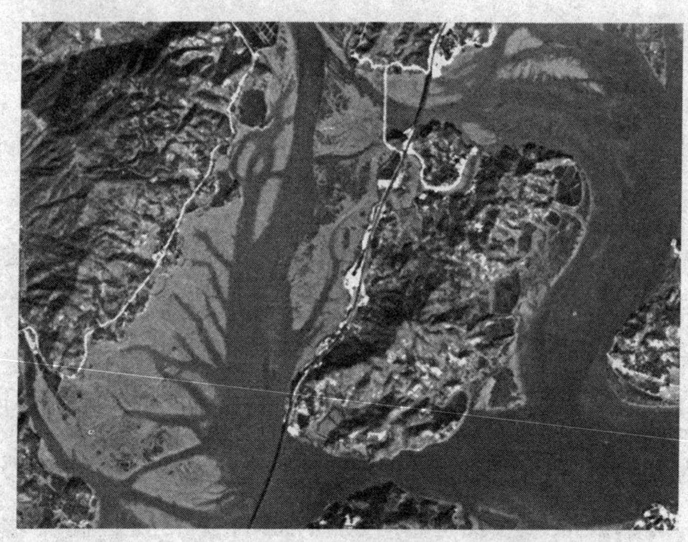

法国“斯波特5”卫星拍摄的福建沿海图片

有比地球上最深峡谷深几十倍的海沟，山脉连绵数千千米，广阔的平原与地面足球场一样平坦。在这张海底地貌图上，人们还发现了一些过去不知道的海底地形特征。例如南太平洋中部，过去人们一直认为是一些断续的海脊，现在发现这里竟是一连串的山脉，蜿蜒伸展数千千米。

这张海底地貌图对地球科学家来说是很宝贵的。由于对地球的观察过去主要限于地球表面的一小块陆地，所以许多地质现象残缺不全，以至在学术上争论不休。例如地球的最大板块交界处位于资料很少的南太平洋上，因此只好用假设来加以推论板块理论。过去，地质力学家发现陆地上每间隔几百千米有一个大型构造活动带的规律，对地震预报与矿产勘探有指导意义，而美国喷气实验室的地质学家利用这张卫星绘制的海底地形图，轻易地在海底发现了五六处类似的构造形迹，连埋藏在海底沉积层下面的大断裂也揭示了出来。

此外，利用海洋资源卫星观测海洋，可以提供整个海洋状况，包括海洋深度、海洋温度、海洋洋流，冰山、潮汐、海啸、海洋生物、海洋污染、风、雨和雾等海洋资源，还可以提供河口、港湾的冲积物及其沉积过程。日本利用卫星照片绘制了世界海岸线图。美国利用“海洋 1 号”卫星拍摄的像片，绘制出一幅世界三大洋的海底地形图，为人类发展海洋航运、全面开发海洋提供了方便。

“海洋 1 号”虽然“英年早逝”，但它开辟的道路后继有人。1981 年 10 月，欧空局（ESA）成员国和加拿大等共同发起制订了研制第一颗欧洲遥感卫星的计划。经过 10 年合作研究，耗资 4 亿多美元的“欧洲地球资源卫星 1 号”于 1991 年 7 月发射入轨。它是为海洋开发和科研提供实时数据，同时兼顾陆地资源勘探的卫星，这对地球板块构造的研究和地震预报工作将产生重大的推进作用。美、俄、日、法等国已发射了许多颗海洋卫星，它们在人类对地球资源的研究和开发中日显重要。

中国第一颗海洋卫星“海洋 1 号 A”卫星，于 2002 年 5 月 15 日上天，观测范围覆盖中国海域以及南太平洋、印度洋、阿拉伯海、大西洋、墨西哥湾，澳大利亚、南极大陆、巴西、伊拉克等海域和地区，获得了大量的有关信息，其应用成效十分显著。

第三节　细说地下寻宝

地球资源卫星是怎样探测地球表面乃至埋在地下深处的矿产资源的呢？

从物理学上知道，电磁波辐射是自然界的一切物质运动形式。任何物体只要它的温度高于绝对零度（－273℃），就有辐射或反射电磁波的能力，自然，矿物和岩石同样具有辐射或反射电磁波的本领。由于它们的性质和特点不同，辐射或反射电磁波的能力也不同。例如，在可见光和近红外波段，非金属矿物磷灰石反射电磁波的能量，就比金属矿物黄铜矿大得多。矿物在辐射或反射电磁波能量方面的这种差别，就是进行地质遥感的基础。

如果人们从太空用摄像机、扫描仪等遥感器，把不同地点的各种矿物所辐射或反射的电磁波能量记录到胶片或高密度磁带上，使电磁波能量转换为不同密度或色彩的照片。这些照片不仅反映了不同岩石在成分和结构方面的特点，而且也反映了它们在空间分布和几何形态方面的差别。这些差别在照片上就表现为不同的色调、色彩、像片花纹、几何形状、地貌形态、水系结构和密度以及植被发育特点等。依据这些不同的特点，就能识别出不同的矿物和地质现象。这就是地质遥感和判读的基本原理。

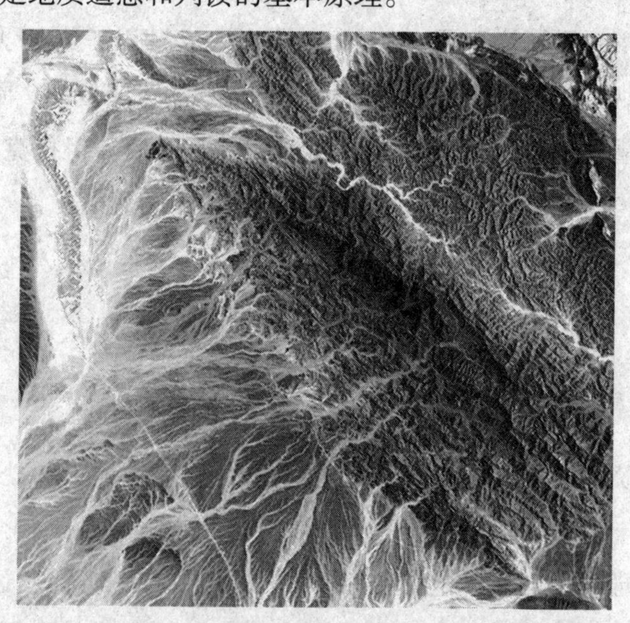

美国“陆地卫星”拍摄的阿曼地区照片

遥感图片是按一定比例尺缩小了的、客观而真实的地表自然景观的详细记录，因此，遥感图片（照片）判读（判断、解释）就成为科学工作者研究和应用卫星照片的主要内容之一。

那么，地质判读又是怎么一回事呢？简单说来，就是识别遥感图上的地质资源。判读要根据地质科学理论和工作经验，参考已有的地质资料，把遥感所获得的大量地质信息经过处理分析，辨认出不同的矿物和地质现象，再通过野外验证，最后判定出不同的岩石、地层、构造，并研究它们的形成以及在不同地点不同地质历史时期的变化规律。

航天遥感寻找露在地表的矿产显然是容易的，但事实上，绝大部分矿产都埋藏在地下深处，航天遥感又是怎么寻找到它们的呢？

地球上许多地质构造和岩浆活动现象是通过地貌显示出来的。地球上矿产分布也是有规律的，这种规律与成矿的地质条件有关，在遥感图像上恰恰能显示这种成矿地质条件的规律，这样，就可以利用卫星图像来寻找矿产资源的分布。如今，利用地球资源卫星照片，在南非发现世界上最大的镍矿。在埃及沙漠地区发现大型铬铁矿，在巴基斯坦发现两个铜矿。在美国发现油田，玻利维亚发现了世界上最大的锂矿。我国首都钢铁公司同有关部门，根据我国卫星遥感资料指示的地区，进行了实地勘察，在北京郊区某地找到了7个成矿预测区。冶金工业部根据卫星遥感资料，在内蒙古寻找金属矿等。美国在内华达州戈尔德菲尔矿区，从遥感图像看出在地表上形成不同颜色的蚀变带，发现褐铁矿蚀变带呈绿色或褐色。利用这种彩色图像，在矿区中寻找到了相似的地区，从而发现了成矿预测区。法国地质矿产调查局在尼日利亚发现一些南北向的线性裂隙控制着铀矿。根据这一线索，通过航天遥感图像，又发现在铀矿所在的盆地的北部，也存在着南北向线性裂隙，经过普查果然发现有铀矿。

人们通过图像显示出来的微小地形变化和水系的组合形式，来推测一些贮油构造。如美国在科罗拉多西北部莫法特岛和桑恩保地区，根据坚硬的砂岩山岭圈出贮油的背斜构造，以及放射状水系图式和“环抱”的河流分布，研究判定出皮塞昂土溪气田是一个封闭的背斜构造。

人们利用遥感图像的许多线性断层交叉部位或密集部位，去寻找岩浆矿床，也是一种常用的方法。例如，美国科罗拉多州中部，根据这些特性对航天遥感图片进行分析研究，发现了 5 个成矿预测区。目前，一些国家已利用这种方法寻找铀矿、多金属矿和铁矿等，收到了一定的效果。

可见，遥感图像资料能帮助人们进行矿产预测和矿产普查，寻找地下宝藏，也有助于全面认识地质现象。

矿产资源埋藏在地下深处，一般不易发现。可是利用遥感图像寻找隐伏在地下的矿产就比较容易。它主要通过生物、地球化学、土壤以及植被的光谱特性差异，从显示在图像上的花纹标志去识别。遥感信息是一个地区自然景观的综合记录，它既包含岩石、地质构造和矿产等地质信息，也记录了水文、土壤、植被等各种地物的波谱特性，而这些地物的波谱特性往往和所在地区的矿产之间有一定的联系。例如，在中非的铜矿带上，由于铜元素的含量高而使一种植物生长矮小，并在红外彩色相片上呈暗红色。人们根据这些特性，从遥感照片上划定了铜矿范围，从而找到了更多的地下铜矿资源。

当然，采用不同遥感仪器，在地质找矿产效果是不同的。如红外和多光谱遥感仪器，区分不同的岩石，划分地质构造，效果最佳。

用热红外遥感器探测地面温度，可以达到0.1℃的精度，用它寻找热导率与一般岩石有显著差别的盐类和燃料矿非常有效。雷达图像对地形、地貌、断层等反映清晰，用于地质构造的研究，寻找成矿和贮存矿产的地质构造特别有利。合成孔径雷达更具有“揭开”植被，穿透一定厚度的冰层和沙漠的本领，使被掩蔽的地形和岩石显示在图像上。这对于我国南方植被茂密的山区，冰雪和沙漠覆盖的大西北地区，将是地质调查和找矿的好方法。总之，不同的遥感仪器，在寻找地下宝藏中，各有所长，就像八仙过海，各显神通。

第四节　大森林的忠诚“卫士”

森林占地球表面积近1/10，约为4000万平方千米，它在人类生活中起着特殊的作用，对所有自然过程的进程产生着强大的影响。森林是地球氧气的大制造厂，像有些人说的，森林是地球的“肺部”。但事实上，每个人一生要耗费100立方米的木材，这包括建筑用的木料、家具、纸张等等，还有药用植物。我们的需要量太大了。

森林也像其他生物机体一样，在不断变化、生长、变老、更新。它会受到病害、虫害、自然灾害的破坏，还会大面积地被无情砍伐。如何在一望无际的林场地区能随时注意到这些灾难呢？如何防止管理不善，保证不断、无穷无尽和合理地利用森林来满足国民经济和居民对木材及其产品的需要呢？在这些方面，太空巡视是不可代替的。

世界各地的森林火灾每年约20万起，烧毁森林面积约3000万亩。仅美国每年因森林火灾就损失3亿~5亿美元。利用卫星照片能预报燃烧着的烈火，也能探测很小的火情，预报潜在的火灾，以指导抢救扑灭火灾，减少森林资源的损失。

1987 年冬季，我国大兴安岭发生特大火灾，熊熊的烈火吞没了大片宝贵的森林资源，差点使大片林木毁之一旦，是巡视在太空的卫星向人们报告了火情，是卫星指挥着人们扑灭森林大火。巡视在太空的卫星减小了这场火灾造成的损失，保护了更多的森林资源。

70 年代初期，离莫斯科不远的地方，也曾发生过一起特大的火灾。当时许多报刊是这样描述的：“……所有火灾发生地的位置连成一串，从梁赞到切博克萨雷，沿一个大圆弧——奥卡河和伏尔加河河谷形成的自然边界——蔓延大约 500 千米。大火顺着奥卡河左岸和伏尔加河右岸，包围了奥卡河河口以上沿森林地带和半森林地带分界线沼泽地和森林区。个别火灾发生地的火烟尾长达 150 ~ 500 千米。火焰在卫星遥感图上是一些白色的亮带，看得很清楚，宽度在 10 ~ 15 千米以上，后来火灾的火烟尾汇合到一起，形成很大一块烟云……”

从太空进一步巡视表明，一条宽 100 ~ 300 千米的巨大火烟尾延伸 6000 千米。它沿乌拉尔山脉，从中哈萨克斯坦高地以北迂回过来，而它的侧面火舌从才利诺格勒向西南“走去”。这样，太空“视力”完全估计出大火的真实规模，以及在整个地区范围内大气污染的扩散程度。

可见，对于森林防火工作来说，定期的太空巡逻是不可代替的。因为巡视在太空的地球资源卫星不仅能及时发现森林中的火迹，而且能确定冒火烟地区的边界，监视火灾的发展，观测火区上空的大气冷流和暖流的通过情况，所有这一切，将有助于尽快消灭火灾。何况，借助于太空观测还能够预报可能发生火灾的地点。所以，人

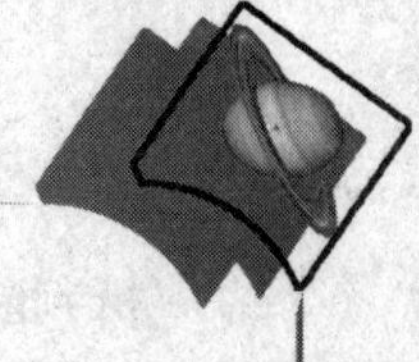

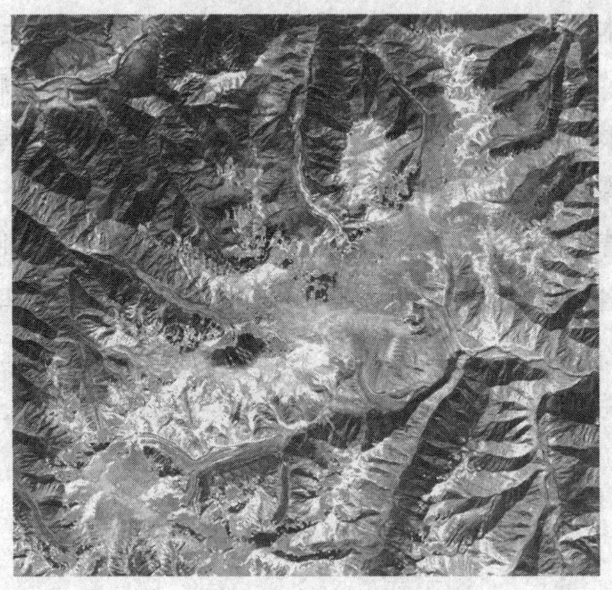

日本地球资源卫星遥感图片

们把在太空巡视的地球资源卫星称为“森林卫士”，看来它是当之无愧的。

森林防火中还有一件趣事。近年来，航空护林人员常在火区上空采用人工降雨的方法来对付大的火灾。为此，需用飞机在厚积云上部抛撒一种特殊的结晶物体。这种物质促使空中迅速生成冰晶，随后冰晶在一定条件下便引起阵雨。但这种方法常无济于事，因为这种方法的成效完全取决于火灾上空是否出现了厚积云。然而，用一般方法很难抓住厚积云通过火区上空的时机，因此常常失败。可是，利用人造卫星，一天进行数次拍照，可以完全掌握厚积云的位置，并预报它们的运动状态。人们利用这些信息，就能抓住有利时机，实施降雨过程，扑灭大火。

森林工作者已利用太空“卫士”拍摄的黑白照片和彩色照片来发现天然的火障（防火线），把被火烧毁的森林地段标在地图上，分析判断树木受损的轻重，检查森林被烧过的地段树木的生长情况。

太空“卫士”还监视着树木的各种病虫害情况，将病虫害给森林带来的损失告诉人们。例如，在美国太平洋沿岸，卫星照片告诉人们，虫害毁坏的树木比火灾毁掉的树木多15倍。太空“卫士”时刻在监视着树木的病虫害，及时提醒护林人员病虫害威胁树木的危险。从太空拍照的照片告诉人们，哪里森林受虫害，哪里森林受天灾了……

可以说，监视森林的卫星，是名副其实的忠实“卫士”。

第五节　卫星考古发现多

我们知道，许多古迹都是埋在地下的，很难发现。而卫星的遥感器就有这种本领。为什么？前面我们讲过，植物对红外光谱的反应特别敏感，有病害的作物叶绿素遭到破坏，减弱了对红外谱段的反射能力，在卫星相片上呈现较暗的颜色，而健康植物呈现的是鲜红色。利用这种差别，卫星可以监视农作物病虫害。同样，利用植物在卫星遥感图上的这一特征，就可以进行考古研究。因为，在埋有古迹的地方像城堡、古墓等等，土壤层比较浅，上面生长的植物由于根系受限制，容易枯黄、低矮。这种现象人眼不易识别，而红外探测能灵敏地反映出来。

与通常地质考古相比，利用卫星考古有许多优点：

第一，太空考古，从几百千米之外的高空进行，能清晰地俯瞰地球的面目，扩大考古学家的视野；

第二，太空遥感能透过地面，探测地下古迹；

第三，能发现水中的古迹、古物，扩大考古学家研究的范围；

第四，不限于记录古迹，也记录各种环境信息，组成丰富的历史数据。

何况，太空考古还是非破坏性考古勘探，因此，有很大发展潜力。

更有趣的是，太空遥感图揭示了几世纪的争论。例如，人们把非洲和南美大陆的照片放在一起，就会发现它们的边缘大致相吻合的绝妙现象。这一遥感成果，使得曾一度沉默的大陆漂移学说活跃起来，同时也为新的地质构造理论——板块学说提供了有力的佐证。

1972 年 7 月，美国发射第一颗地球资源卫星“陆地卫星 1 号”，这颗卫星的对地摄影，第一次从太空把秘鲁纳斯卡平原上的巨型神奇图案清晰地展现在人们面前。

1981 年 1 月 12 ~ 14 日，美国“哥伦比亚”号航天飞机进行了第二次轨道试飞，在判读其成像雷达拍摄的地面照片时，发现了埃及苏丹境内沙漠下宽 25 ~ 30 千米的巨大河流，其流域面积比尼罗河大 25 倍。这引起了科学家利用航天器考古的巨大兴趣。此后，利用人造地球卫星和航天飞机等航天器的飞行，进行了更多的考古活动，已经促成太空考古学的诞生。

著名的丝绸之路，是约 2000 年前沟通中国西部和中东地区的商道，其西端一直延伸到欧洲的意大利罗马城。中国的丝绸和中东的香料是这条商道上流通的主要货物。但后来大部分路段被沙漠所掩埋。20 世纪初，英国和瑞典等国的一些探险家对丝绸之路进行过考察，虽发现一些踪迹，但成效不大。

美国航天飞机在 1993 ~ 1997 年的 3 次飞行中，对丝绸之路进行了探测，法国的“斯波特”和美国的陆地卫星等卫星也对丝绸之路拍了照。联合国教科文组织和中、法、英、美、日等国的专家学者对这些照片进行了分析研究。一些人还在导航卫星的引导下，对丝绸之路进行过实地考察。日本学者还根据卫星图像绘制了丝绸之路图。

在中国西北塔克拉玛干沙漠腹地，考古学家利用卫星找到了消失了近两千年的古精绝国遗址，发现了用芦苇编成的院墙、用湖泊淤泥沉积物切块垒积而成的佛塔。这一发现证实了唐代（公元618~907年）旅行家玄奘“古精绝国在大泽中”的记载。

考古学家还运用航天遥感，在长江下游发现了12202座古代遗址。这些遗址属于新石器时代到春秋时期。

我们知道，地球资源卫星要从地面拍摄大量信息资料，那么，它们是怎么从大量的信息资料中发现古迹的呢？这就要说说图像的判读。

在判读前，人们先通过野外观测和遥感试验，对各种目标进行反复观测，找出各种目标在不同条件下的光谱特征。如美国曾于1969年对60多种水、600多种岩石和矿物、1000多种土壤和3000余种植物进行了光谱特征的测定和分析，作出一个简单物质光谱分析表——判读标志，这些就是判读目标的依据。

地面接收到地球资源卫星发回的信息，经过几何校正和辐射校正以及投影变换后，得到比较真实的图片或电信号，就可由人工直接判读，或送往光学设备和计算机，采用假彩色影像增强技术和计算机自动识别、分类技术，从背景中找出目标。

人工判读是将航天照片用放大镜立体镜进行观察，把各类矿物和地质现象在色调、形态、水系和植被发育等方面的特征分别加以归纳，依据判读标志识别出不同地质体和地质现象。地壳看起来是那样巨厚，但是它与地球直径比起来，却好像鸡蛋壳那样薄。在漫长的地质发展过程中，组成地壳的岩层受到多次挤压、拉张或扭动，因而产生了不同形态的褶皱和裂缝——断层，有的地区上升，有的地区下降，形成了复杂的地质构造。用立体镜或判读仪，对相邻而又有一定重叠部分的两张照片进行观察，可以重现野外山川多姿而壮观的真实形象，从而能在照片上识别出褶皱和断层的面貌，分析它们的组合关系和在形成过程中所受作用力的性质。自然，一些较大的古遗迹，用立体镜一看就一目了然，很快就能辨识出来。

我们知道，各种地物都有其自己独特的光谱特征。卫星照片的计算机判读就是根据这些特征的差异去辨认各种不同的物体。事实上，用计算机对遥感地质信息进行处理，不仅断层线清楚，而且各种岩石和不同时代的地层之间都有可以区分的色差。用计算机可以方便地进行比值变换、信息提取，这是对某些地质内容进行有效判读所需要的。

除了人工判读和计算机判读外，还有一种叫假彩色影像增强判读。所谓假彩色是相对真彩色而言，在假彩色像片上，物体呈现的颜色并不是它的自然景色。多光谱影像经过假彩色处理，可以把我们需要判读的物体突现出来，起到影像增强的作用，以便更准确地分析和鉴别这些物体。如在一张假彩色合成像片上，海底暗礁上生长的海藻，犹如万绿丛中一点红，鲜艳夺目，而在黑白像片和真彩色像片上是见不到这种情景的。埋在地球深处的古遗迹，用假彩色表示，色感很强，一目了然。

不论是人工判读、计算机判读或假彩色影像增强判读，其结果都属假定，还必须由有经验的地质工作者或考古学家给予科学的解释和说明，经过实地验证，才能最后判定它的可靠程度和实用价值。

可以说，航天考古给考古带来了革命性的变化，世界各国的历史学家纷纷利用卫星这个有力的工具。美、俄、英、中、日、法、意大利以及土耳其、菲律宾等国的考古学家已取得了良好成绩。可以预见，随着航天技术的发展，一座座历史宝库将向人类敞开，灿烂的古代文明将越来越展现得淋漓尽致，光彩夺目。

【小链接】

人造卫星考古之歌

胡永槐

地球问人造卫星：
你日夜环绕着我旋转，
不知探索到了什么？

人造卫星回答：
我探索得很深、很深，
我获取到极多、极多——
知道你有多少山脉，
知道你有多少湖泊，
知道你有多少森林，
知道你有多少沙漠……
噢，关于你的某些奥秘，
恐怕连你也从未听说。

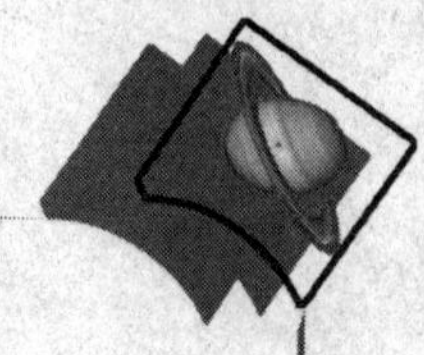

地球挺有兴趣地提问：
你说的是哪些奥秘呢？
譬如，关于考古？

人造卫星又回答：
对了，我正想告诉你，
我靠神目——遥感技术，
发现了隐藏的古城废墟——
那是在南墨西哥的密林中，
有你古代的玛雅城两座；
两座古城里既有金字塔，
又有千姿百态的石头建筑。
这永不消逝的废墟呀，
它的考古价值堪称瑰宝骊珠：
显示出公元前六百至九百年间，
古代玛雅文化的繁荣画图！

地球连声赞叹：
感谢你呀，人造卫星，
你为我补上了考古的一课！

人造卫星放声高歌：
你、我都要感谢科学与人，
赋予的智慧气贯霄汉银河！

（原载《化石》）

第六节　寻找和保护水资源

俗话说：一滴水，一滴油。淡水对于海岛和久旱的人们来说，是多么珍贵。

美国夏威夷群岛上的居民长期以来迫切希望得到足够新鲜的淡水。但是岛上的人们就是找不到淡水源。怎么办？人们祈求卫星帮忙。美国的卫星多次飞过夏威夷岛上空，用遥感仪器拍摄了这个岛区的照片。当这些照片传送到地面后，专家们发现某些岛屿沿海处的温度辐射比周围的要低10℃，因而根据照片所示的坐标点到现场去实地勘探，结果发现那里竟是地下淡水的入海口处，就这样，奇迹般地一下子为夏威夷群岛上的居民找到了200多处地下淡水源。

在非洲的塞内加尔河流域，也出现类似有趣的事。

在塞内加尔河流域，大部分是干旱无水的地区，水对那里的人们来说实在太宝贵了！人造卫星飞越这个地区，从太空拍摄了多幅照片，专家们从照片中看到河流附近干旱的沙漠中有许多小黑点和小黑条，经过分析判断，有可能是地下水源。后来根据照片显示的坐标位置去开发，果然找到了地下水。

地球资源卫星还帮助久旱的埃塞俄比亚人找到了700多处淡水源，也替西非的撒哈拉大沙漠中部找到了巨大的水源……

寻找水源是地球资源卫星特有的本能，这是因为卫星上的遥感器在近红外谱段对水域非常敏感，故能为人们提供江河、湖泊、水库的位置及其水量、水质等信息。这些信息对了解高山、沙漠等人

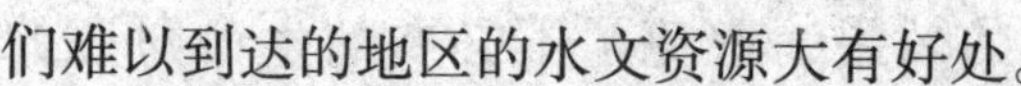

们难以到达的地区的水文资源大有好处。

地球资源卫星的遥感照片，能提供河流流域的植被覆盖情况、地质地貌特征、松散的沉积物以及土壤、土地利用和水系分布等方面的资料。通过这些资料可以绘制出河流流域的分水线和水系分布图等，这对于制定流域内的规划（尤其是那些人迹难以到达的边远地区）更是有用的。

如果把河流流域的各种盆地特征和季节性的冰雪覆盖、洪水、泥石流等联系起来，就可以估计该流域水资源的情况，为在下游建造水库提供数据，并能及时作出可能发生的洪水、泥石流等灾害的预报；也可帮助现有水库做好水库的管理工作。

世界上有许多淡水资源来自融化的高山冰雪。美国西部有一个城市用融化的高山冰雪水来发电，每年的纯收益达100万美元。但是，如果事先对融化的雪水量估计不准确，就会造成许多麻烦。如融化水过多，就会造成汹涌奔腾的洪水，甚至冲垮下游的堤坝、庄稼和房屋，使人们的生命财产遭受损失。但是，人去计算雪水量是非常困难的，因为冰雪覆盖处的高山幽谷，一般人迹难以到达，依靠地面观察测量或飞机高空遥测，显然所花的代价就很大，时间也长。如果利用在太空飞行的人造卫星遥感设备，能精确地测量出高山冰雪的体积，进一步计算出融化的水量，从而能准确地计算出融化的雪水总量。

地球资源卫星、气象卫星时时为人们提供水资源的大量信息，载人飞船那就更不用说了，它更能提供准确、可靠的水资源信息。有一次，美国内华达州和加利福尼亚州的锯齿形山峰上刚下过一场大雪，当时在太空遨游的“阿波罗”飞船曾对这场大雪作了精确的测量。人们根据“阿波罗”飞船的测量信息，作出了这个地区的洪水预报，收到了很好的效果，避免了不必要的生命财产的损失。

美国明尼苏州有1000多个小湖和河流，为了保证这些淡水资源不被污染，不得不请地球资源卫星来承担这项管理工作。人们从太空卫星所拍摄该地区的照片上发现，照片清晰明了，能清楚地分辨出湖中哪部分是清水，哪部分是浑水，且浑到什么程度。人们通过分析，也看出污染引起的后果。太空遥感图像的分辨能力很高，即使直径只有100米大小的小湖也能看得清清楚楚。因此，人们通过太空遥感图像，就能按时向周围的人们作出各种预报，以便及时采取有效措施，防止或减少对水资源的污染。

更有意思的是，航天遥感还能为打“水源污染”官司的人提供有力的证据，如美国纽约州和加拿大佛蒙特州交界处有一个美丽的怡普林湖，它向来是游人观景之地，湖水清澈，鱼游鸟飞，风景秀丽，十分迷人。可是，自从在纽约州这边建立了一个大的国际造纸公司以后，每年向湖内倾灌275万吨废水，这些含有高浓度的磷酸盐溶液流到美丽的怡普林湖里，结果引起了大量藻类的繁殖，使湖水发绿变臭，鱼类生物大量死亡，甚至到了几乎灭绝的地步。加拿大佛蒙特州就用这些照片资料作为有利证据，向国际造纸公司提出了法律诉讼。

利用卫星照片还能监视冰川和积雪面及融化水量，预报洪水。如苏联曾根据卫星拍摄我国天山、帕米尔高原雪层变化的照片，预报了1969年的特大春汛。美国利用地球资源卫星预报洪水，每年可减少损失3亿美元。通过卫星照片来改进灌溉效率，每年收益约3亿美元。

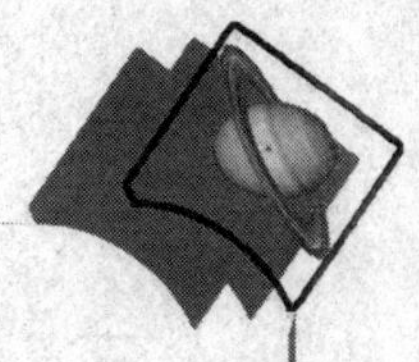

第七节　造福人类的“多面手”

地球资源卫星是一种经济效益极高的多用途卫星，是个“多面手”。虽然只有寥寥几颗，但个个都有一身的神通。据初步统计，地球资源卫星在农业、林业、牧业、渔业、地质、地理、水文、海洋、环境监视以及军事等方面，至少有40多种以上不相重复的用途。

除了以上小节介绍的用途，地球资源卫星在以下方面也大放异彩：

（1）充当农业观察员

地球资源卫星照片能识别小麦、玉米、大豆、高粱、棉花、燕麦、甜菜、马铃薯（土豆）等不同农作物类型及其长势；能鉴别土壤特性、墒情和施肥情况；能调查森林分布、树木种类、木材贮量等；能提供草场分析、植物密度和长势的情况等。

弗兰克·拉姆和伯格塔·拉姆兄弟二人在美国俄勒冈州共同经营一家农场，每年种植马铃薯4050公顷。1983年初，兄弟俩成立了克罗皮克斯公司，设法利用地球资源卫星（陆地卫星）提供的遥感信息来预测马铃薯产量和市场变化。克罗皮克斯公司成立伊始，就显示出其旺盛的生命力。1983年，美国马铃薯主要种植区哥伦比亚盆地，在马铃薯一上市时，各农场竞相出售，每吨80美元。经过90天收获季节后，发现马铃薯产量大幅度下降，于是价格陡然涨至每吨130美元。但这时哥伦比亚盆地各农场的马铃薯库存告罄。农场主们后悔莫及，只有拉姆兄弟通过分析卫星所提供的遥感图片，几个月前便预知马铃薯将歉收，所以等到最后才把马铃薯抛出，仅此一项就使兄弟俩多收入 75 万美元。

众所周知，农作物的好收成取决于生产状况。在估计收成和监视病害方面，地球资源卫星是得力工具。许多人自以为能用眼睛看出植物在茁壮成长，当他看见叶子颜色发生变化时，其实病害已经大为发展了。太空“慧眼”可以在肉眼发现之前的较长时间内观测出这种状况，因而使人们有时间采取某些补救措施。这是因为有病害的植物，叶绿素遭到破坏，减弱了对红外谱段的反射能力，在近红外谱段的像片上呈现较暗的颜色。美国利用卫星像片在预报小麦黑穗病、谷物枯萎病等方面取得成功。

地球资源卫星帮助人们在农作物收割前 1 ~ 2 个月作出产量预报，预报精度达97%，这对粮食生产、贮运、加工和销售都有重大意义。美国通过卫星对外国农作物产量的估计，每年可获得 3 亿美元的经济利益，其中仅小麦一项就可获利 2 亿美元。

据美国农业部估计，地球资源卫星每年给美国农林牧业至少带来 30 亿美元的收益。

（2）预报地震先兆

强地震一般发生在地质结构中有大断层的地方，由于卫星像片容易发现大断层，故能初步划定地震活动带。在地震和火山爆发前往往出现一些先兆，如地壳发生加速变形和位移、小震次数频繁，地表局部隆起或倾斜等。若在地震带和火山口安置自动仪器连续收集资料，由地球资源卫星定期收集数据，从动态过程中研究其规律性，就可做出比较准确的中、近期预报。

我国唐山—丰南一带，在第四纪沉积物覆盖的地方，过去的地质图上没有表示有断裂存在，1976 年 7 月唐山—丰南地震后，分析了卫星图像，并通过野外验证，发现有几组活动性断裂在这里交叉

日本富士山遥感照片

(1976 年破坏性强地震，就是在这种特定的构造背景上发生的)，并编出该地区的断裂构造图，它给地震构造的研究和判定地震危险区，提供了重要的资料。

(3) 绘制地图

目前，世界地图中有 70% 的资料不充分，有 30% 资料已经陈旧，地球资源卫星照片可以补充，完善地球资料。如用卫星像片，发现我国地图上西藏地区遗漏了几百个咸水湖和干湖泊，长江口已经比 1949 年地图上向外延伸了十几千米。许多国家的海岸线随时间流逝发生了大变化，水坝、水电站之类的建筑设施改变着陆地面貌，河流改道，新公路建成，城市一直不停顿地向周围扩展……一切都在变动之中。自然，要使地图准确，必须重新绘制，但按常规的方法，全球更新一遍需用 50 年的时间。如果用卫星照片可提高效率 10 倍，整个西半球如用航空摄影制图成本需花费 3 亿美元，而用卫星照片成图只需3000万美元。因此，卫星成像具有快速、经济和有效等优点。如加拿大，只要几分钟，地球资源卫星就能得到以185千米的宽度从北向南扫过全加拿大的地面图像。

（4）测量数据，积累资料

资源卫星还能测量地球表面的温度，探测地下热源和预警火山爆发，测量积雪和冰层的融化速度，为寻找水源、预报洪水和修建水库等工程积累原始资料。例如有人利用卫星对夏威夷群岛进行研究，发现岛上大部分雨水渗入地下，经过透水层流入海洋。由此在附近的浅海中找到了200多处淡水。

（5）监测环境污染

资源卫星还是监测环境污染的重要工具。它能够大面积地调查地球上大气、水源和海洋污染的来源、分布和程度。美国有一家公司，曾经利用卫星获取的资料作为依据，控告一家造纸厂对环境造成了污染，要求赔偿损失获得成功。

总之，地球资源卫星能从太空为人类寻找尚未发现的自然资源。速度快、效率高、成本低，特别适合于国土辽阔的国家寻找资源。

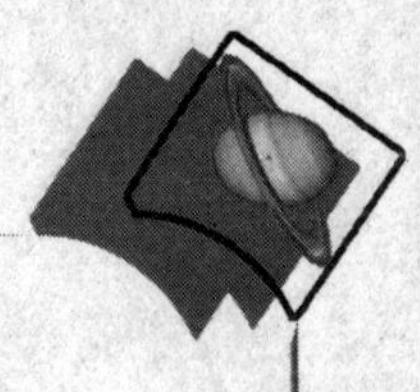

第七章　太空“实验室”——其他卫星

【篇章页导语】

随着人造地球卫星的广泛应用，这个大家庭的成员越来越多，队伍越来越庞大，比如“空中生物实验室”生物卫星，“太空天文台”天文卫星，“卫星杀手”反卫星卫星，“遇难者的救星”救援卫星，人类在天空放飞的“风筝”绳系卫星等。它们遨游在广袤的太空，各司其职，忠实地为人类服务！

第一节　“空中生物实验室”——生物卫星

用于生命科学实验的卫星叫生物卫星。生物卫星是为人类上天开辟道路的先驱，各种动物就是先行者，它们当中有狗、猴子、猩猩、小白鼠等。实验的目的是了解空间环境对生命的影响，为人类上天铺平道路。当然，人进入太空工作后，总是要回到地面上来的，返回式生物卫星就是要验证宇航员返回的技术。

1957 年 11 月 3 日，苏联“伴侣 2 号”卫星把一只名叫莱伊卡的小狗送入地球轨道飞行了 6 天，这是世界上第一只飞上太空的动物。

美国自 1959 年 12 月至 1961 年，先后 3 次发射“水星”号生物卫星，将猴子、老鼠、猩猩送入太空进行试验，均取得成功。

苏联“伴侣2号”卫星装载一只小狗因此属于生物卫星

在生物卫星上进行科学实验，有许多特殊的优点和有利条件，是载人飞船和航天站所不能取代的，因此，它是进行太空生命科学研究必不可少的工具。

生物卫星主要由服务舱和返回舱2部分组成。返回舱是卫星的主体，是返回地面的部分，内装各种实验生物（如狗、猴子、老鼠等）、记录仪器、制动火箭和回收系统。舱的外面是防热保护层。为了有效地保持舱内适宜温度，里面还有一层涂铝的聚脂薄膜。舱内还有脱离轨道、分离和回收设备，以保证卫星按时同服务舱分离，准确脱离轨道，安全完整无损地返回地面。返回舱的外形有的呈球形，有的呈碗形，重三四百千克至一二吨。服务舱是卫星与运载火箭的接合部分，内装有卫星的姿态控制系统、电源系统和其他保证卫星正常工作的设备。卫星上还包括电源、回收等分系统，如回收部分，除减速伞和主伞外，还有闪光灯、海水染色剂和回收示位信标等设备。这些东西是为了在返回舱着陆以后，便于回收人员寻找和发现。

生物卫星上的实验生物是多种多样的，主要是狗、猴子、猩猩和大小白鼠，此外，有些生物卫星也有细菌、植物，种子、爬行类动物、昆虫、蛙、蝇、兔、犬、鱼类和其他哺乳动物等。各种生物放置在特制的容器中，如装大白鼠的鼠笼，常制成圆筒形，5 个一组连成一排。每个笼都有单独的照明、供水、食物、空气流通和废物处理装置。照明时间 12 小时，然后维持 12 小时黑暗，以模拟地面的昼夜节律。老鼠吃的是一种糊状饲料，每天 4 次，每次 10 克。水的供应不限量，随时都有。空气从鼠笼后端进入，通过笼的内壁的许多小孔眼，吹到老鼠身上，这样还可将粪便和臭味吹走。粪便吹进废物收集袋，收集袋隔两天自动更换一次。从鼠笼排出的空气，经过活性炭过滤，又被送入笼内。

美国水星飞船曾载过猩猩进行轨道试验

在生物卫星上，可以进行许多生物学实验，如重力生理学实验、放射生物学实验、发育生物学实验等。

研究失重和超重的生物效应是人类航天的重要课题之一。失重（又称微重力）是航天中一种特殊的物理现象。研究长期失重的生物效应对长期载人航天活动有重要意义。长期失重现象无法在地面模拟，只能在太空的环境中进行实验。在生物卫星上，重力生理学的实验重点是研究像狗和猴等这类哺乳动物的心血管系统、感觉系统、神经系统、血液系统和骨骼肌肉系统的反应和变化，其中又以研究骨质脱钙、血液动力学的变化机理最为重要。这是因为在载人航天活动中，许多航天员在这些方面都出现不同程度的变化。

此外，人们还要寻找有效的防护措施，如混编在苏联的“宇宙”号卫星系统中的生物卫星，曾进行了人工重力的实验，用一种小型离心机模拟产生人工重力，用以观察人工重力能否对抗失重的影响。

宇宙辐射是航天过程中另一种重要的环境因素，也是不容易在地面实验室中模拟产生的。宇宙辐射作用于生物机体，能产生生物效应，其中的高能粒子对人体还能产生严重的伤害。在长期航天中，为了保证人的安全，必须收集宇宙辐射中各种粒子在空间分布的数据，测量生物体可能耐受的剂量，研究宇宙辐射对生物各种器官和组织的影响、宇宙辐射的复合效应以及防护措施等。

发育生物学实验主要包括失重对昆虫、蛙卵、细胞、微生物、植物的生长、发育和代谢的影响，以及航天过程中对生物昼夜节律变化的研究等。

动物不仅是人类进入太空的先驱，而且多年来一直用它们的鲜血和生命为人类的航天事业作出贡献。这是因为太空环境极其恶劣，人在太空中会受到失重、加速度、宇宙辐射、噪声和振动等因素的影响。人类是不愿意轻易拿自己的生命去冒险的，因此，在征服太空的道路上，就用动物作先导，为人类探路。

许多的太空医学和生物学问题需要通过动物实验来解决。如航天病，折磨着许多航天员，使他们胃部不适、恶心和呕吐，特别是在飞行的关键时刻，降低了他们的工作能力，使他们不能按计划完成飞行任务；长期持续性的骨骼脱钙，使航天员面临着骨质疏松病的威胁；宇宙辐射的生物效应，可使航天员更快地衰老，出现贫血，还可能导致癌症。

为了解决医学问题，使航天员在太空中更健康地生活和工作，人类只得大量使用各种生物作试验对象，特别是猴子、狗和老鼠，安放在生物卫星、航天飞机、载人飞船等航天器上。可以这样说，没有动物的先驱飞行，就没有今天的载人航天活动。

第二节 “太空天文台”——天文卫星

浩瀚无垠的茫茫太空中充满着各种天体，它们不仅能辐射出可见光和无线电波，而且还可辐射出包括红外线、紫外线、X 射线、γ 射线在内的各种电磁波。人们研究天体的电磁辐射及其变化，就能进一步探索宇宙的奥秘，发现新的天体。遗憾的是地球大气对于 X 射线和 γ 射线并不透明，它们遭到大气阻拦；紫外线也被臭氧层所吸收；无线电波则受电离层的影响，所以，要在地球上研究天体的这些辐射是十分困难的。

为窥测茫茫宇宙，人们利用愈来愈大的天文望远镜，然而效果一直不尽如人意。人造卫星的上天，无疑开辟了天文观测的新时代。这些被人们称为“太空天文台”的天文卫星，逐渐开始打开一座座通往“天宫”的大门，冲破一个个揭示宇宙秘密的屏障，为我们展现出更加真切的宇宙面目。而且，天文卫星的观测还推动了太阳物理、恒星和星系物理的迅速发展，并且促进了一门新型的分支学科——空间天文学的形成。

第一颗天文卫星是美国在 1960 年发射的太阳辐射监测卫星（Solrad－1），它测到了太阳紫外线和 X 射线通量。美国在 20 世纪六七十年代发射了 3 个系列的轨道观测台类型的天文卫星，即轨道太阳观测台（OSO）、轨道天文台（OAO）、高能天文台（HEAO），此外还发射了观测 X 射线、γ 射线的天文卫星。

AXAF 是一种 X 射线天文物理观测卫星

1983 年 1 月 25 日，荷兰、美国和英国合作，发射了世界上第一颗红外天文卫星，人们称它为“飞行望远镜”。

这个“飞行望远镜”是人们观测红外辐射天体的天文卫星。它的主要任务是探测宇宙中的红外源，如对太阳系天体、恒星、电离氢区、分子云、行星状星云、银核、星系、类星体等进行普查，并在普查基础上绘制红外天体图和对选定的天区及红外辐射源进行专门的观测，人们也期望它解答太阳系内是否有第 10 颗行星的疑问。

这颗卫星呈圆柱状，高 3.6 米，直径 3.24 米，重 1076 千克，位于 900 千米高的近圆形太阳同步轨道，卫星运动周期 103 分钟。卫星上装有一台重 810 千克的用液氦致冷的大型红外望远镜。望远镜长 3 米，镜面直径 60 厘米，底部有 62 个红外探测器，能探测 2 千米之外的一粒尘埃，能分辨出星体和宇宙射线。如果打个比方，相当于从 1 万千米远的地方接收到一支功率相当 1 瓦的小电灯泡所发出的光，或者说，一个人在北京能看到放在新疆喀什的一个小棒球。

红外天文卫星在对小行星探测中发现了一颗新彗星，它首次出现的信息是1983年4月25日传到地球的。与此同时，日本业余天文学家和英国业余天文学家也报告观察到这颗彗星。

宇宙背景辐射探测器是一种专用的天文卫星

这颗彗星后经地面望远镜拍照，辨认出是一颗以极快速度运动的彗星。1983年5月10日傍晚，这颗彗星距地球最近，这时与地球距离500万千米，是地球与月球之间距离的12倍，是已知的最靠近地球的彗星。

这颗彗星的光散布的面积比16倍月亮的面积还大，一般用肉眼看显得非常朦胧，难于看到它，但它在红外望远镜中却特别亮。它是红外望远镜发现的第一颗彗星。

天文学家另一个愿望，就是把大型望远镜送上地球轨道。

1990年4月25日清晨，美国佛罗里达州卡纳维拉尔角肯尼迪航天中心，数百名天文学家和技术专家翘首注目。远处巨大的发射平

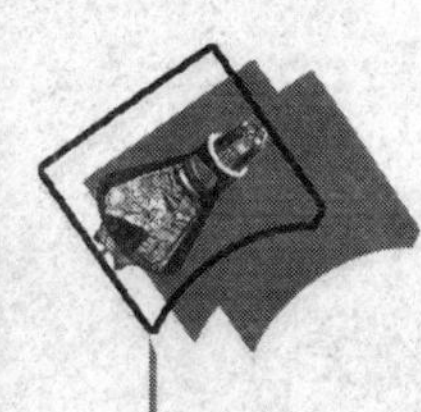

康普顿伽码射线观测台是一种天文卫星

台上，“发现”号航天飞机如同展翼欲升的鲲鹏，正巍然倚靠在发射塔边。航天飞机此次飞行肩负着重要使命，就是把耗资巨大、深受世人瞩目的“哈勃”空间望远镜（HST）送入太空。美国东部时间上午8点34分，随着指令的发出，航天飞机喷云吐焰，在轰鸣声中直上蓝天，标志着人类探索宇宙的历程揭开了新的一页。

“哈勃”太空望远镜

“哈勃”空间望远镜以当代美国天文学家哈勃的名字命名，是由美国国家航空航天局主持建造的四座巨型空间天文台项目中的第一台，也是迄今为止天文观测项目中投资最多、最受关注的项目之一。

“哈勃”空间望远镜外观像一个5层楼高的圆筒，其主体长13.2米，最大直径4.3米（其中光学主镜口径为2.4米），2块长达12米左右的太阳能电池翼板伸展在镜筒两侧，总重量达11.5吨。这是一座高度自动化的空间天文台，它的主要性能要比通常的地面光学望远镜优越一个量级以上。“哈勃”空间望远镜从1979年蓝图设计到1990年投入观测，历时10余年，耗资15亿美元。若按重量计算，平均每克造价接近130美元，比纯金更贵。天文学家期望着凭借“哈勃”望远镜那锐利无比的“神眼”，去洞察宇宙深层的奥秘，开辟天文观测的黄金时代。

然而事与愿违。在“哈勃”望远镜上天之后，经过最初几周紧张的测试与调整，人们发现望远镜的成像质量与预期效果存在很大差距。面对严峻的挑战，美国国家航空航天局和其他科研机构的科学家们使出周身解数，力挽狂澜。美国国家航空航天局在1993年12月对其作了为期12天的太空维修。令人们欣慰的是，这次太空维修行动最终获得圆满的成功。

1997年2月，“发现”号航天飞机升空与“哈勃”望远镜再次相会，此次服务飞行的主要任务是为“哈勃”望远镜换装上两台新一代的仪器。一台名为“空间望远镜成像光谱仪”，它使用新的、更为灵敏的探测器，并且能同时对多个目标作光谱测量，而原先的光谱仪一次只能观测一个目标，新旧两种设备的工作效率不可相提并论；另一台是“近红外照相仪”，原先“哈勃”望远镜上的照相机只能在可见光和紫外波段观测，近红外照相仪则可在2.5微米以下的近红外波段进行成象观测，尤其适合观测研究恒星形成区和高红移星系方面的诸多神秘现象。仪器设备的更新换代使“哈勃”空间望远镜观测宇宙的能力百尺竿头，更上一步。对“哈勃”望远镜的最后一次维修飞行于2002年进行。此后，随着岁月流逝，渐渐能量耗散，设备毁损，“哈勃”望远镜将在太空中孤独地走完最后的历程，直至“寿终正寝”。

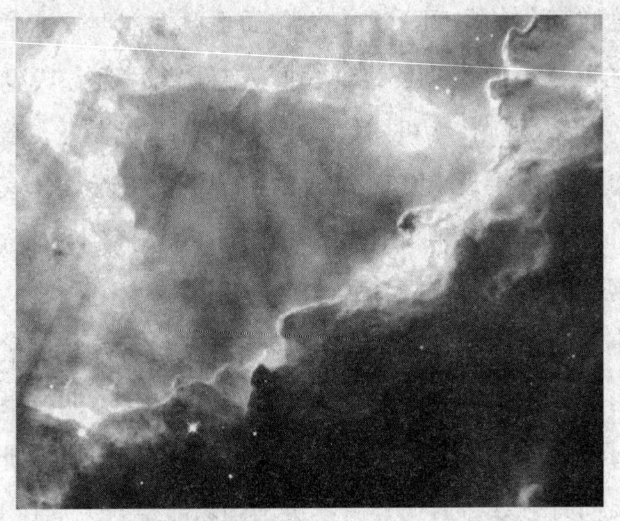

“哈勃”望远镜拍摄的天鹅座星云照片

21世纪之初，美国航空航天局计划实施一系列重大空间观测项目。预期在前后10余年时间之内，把4台大型天文观测设备送入外层空间。此项宏伟规划，是继20世纪90年代“哈勃”太空望远镜取得辉煌成功之后，NASA跨世纪太空探测蓝图中承前启后的又一次大手笔。

这些耗资巨亿的大型空间天文台，使用最先进的技术手段“武装到牙齿”，以实现前所未有的高灵敏度、高分辨率、大视场及同时观测多个天体的能力。从整体而言，它们探测宇宙的效能将全面超越其先驱者"哈勃"太空望远镜（HST）。它们的投入运行，必然极大地拓展人类认识宇宙的视野。

"欲穷千里目，更上一层楼"。太空望远镜和天文卫星肯定会给人类带来不可多得的美好希望！

第三节　"卫星杀手"——反卫星卫星

大家知道，古代战争，用矛用盾。矛锋利，用于进攻；盾坚硬，用于防御。如今，那种短兵相接"叮当"响的矛和盾已销声匿迹，取而代之的是现代战争中的"矛"和"盾"。随着科学技术的发展，"矛"和"盾"的概念也已泛化了：你有潜艇，我有鱼雷；你有飞机，我有雷达；你有突防手段，我有反突防妙法……真可谓"道高一尺，魔高一丈"。

1975 年 7 月的一天，在地球上空运行着的一颗美国预警卫星和另一颗向地面转发信号的"陪伴"卫星，正在窥视着苏联从西伯利亚秘密发射导弹时尾部喷出的红外光，突然，一束强光向它射来，于是这颗正在刺探军机的预警卫星"失灵"了。另一颗"陪伴"卫星的电子仪器也遭到了破坏，保持姿态稳定的系统失灵了，随即便与地面失去了联系。

这不是科学幻想，也并非是耸人听闻的虚构。这是当时苏联正在进行一次损坏和摧毁太空（外层空间）运行卫星的武器试验，试图有朝一日，能将太空对手消灭掉。

几个星期后，苏联又进行了另一次试验。一颗卫星从苏联哈萨克斯坦的丘拉坦基地发射，进入轨道后就追赶另一个在太空运行着的苏联卫星，经过一阵追逐之后，“猎者”（后发射的卫星）靠近并“停下”来察看它的“猎物”。然后，离开一定距离，自身爆炸，一命呜呼。这次不露声色的演习说明，“猎者”可以根据地面指令来“获取”它的“猎物”。

类似这样的试验，苏联进行了几十次，而美国也在进行研究和试验。而这些试验中的“猎者”就是被人们称为“卫星杀手”的截击卫星，也叫做反卫星卫星。

众所周知，在现代战争中，要想掌握战争主动权，必须设法发挥自己卫星的“千里眼”和“顺风耳”的作用；同时，为了使敌人处于被动挨打的地位，又要想方设法使对方成为“瞎子”和“聋子”。因此，敌对双方都千方百计设法消灭对方的军用卫星，保护自己，这样，就促使反卫星武器的发展，“卫星杀手”——截击卫星（反卫星卫星）就是消灭“敌人”的有效太空武器之一。

当今世界各国发射的3000多个航天器中，直接为军事目的服务的军用卫星为数最多，如侦察卫星、导航卫星、通信卫星、军事气象卫星及预警卫星等，而且90%以上是美、苏发射的。

这些军用卫星中，充当太空“间谍”的侦察卫星数量最多。这些“间谍”可以“站在”几百千米到上千千米，以至3.6万千米高度的轨道上，不分昼夜地探测、侦察对方的军事设备、武装设备、军队调动、国防施工、洲际弹道导弹的发射及核潜艇位置等情况，并及时地传输给军事指挥机关。它可以获得常规手段无法得到的军事情报，真可谓“高瞻远瞩、明察秋毫”。

显然，一个超级大国的太空间谍活动，必然危害着另一个超级大国及其他国家的利益。为了使自己的“间谍”免受袭击，美、苏都在绞尽脑汁，以逃避对方对其“间谍”的发现、跟踪，并从生物竞争中得到启示。

用什么手段才能有效地对付太空“间谍”呢？科学家和工程师们经大胆探索，提出了多种很有吸引力的方案。这些方案大致可以分为两大类。

一类是从地面发射的直接摧毁太空“间谍”的武器，如从陆地或海上发射反卫星导弹，拦截太空目标；从地面用激光武器摧毁太空目标；从地面用粒子束武器摧毁目标等。

从地面上发射反卫星导弹，可以利用反弹道导弹来实现，也可以借助中、远程弹道导弹来实现。

美国太空反卫星武器攻击示意图

利用反弹道导弹拦截卫星，使拦截太空卫星与拦截来袭的弹道导弹结合起来，共用一套系统，可以节省研制经费，缩短武器的研制周期。从海上发射反卫星导弹，是对地面发射反卫星导弹的一个补充。俗话说，“天高任鸟飞，海阔凭鱼跃”。占地球表面 71% 的海洋，是广阔的天然大发射场，因此可以克服受地面发射限制所造成机动性差的弊病。

用地面激光武器拦截太空目标，也是一种有效的手段，将激光器配上跟踪引导系统等，就是一种理想的反卫星武器。

另一类就是以可机动的卫星——截击卫星摧毁太空的“间谍”，这个系统也称反卫星卫星系统。

用截击卫星去消灭太空的“间谍”，也可以采用多种方式，例如截击卫星根据目标飞行轨迹，迅速改变其飞行轨道，靠近目标。目标一旦进入杀伤威力内，截击卫星就自我爆炸，摧毁目标，这是其一。

其二，星载激光武器。将激光武器装配在截击卫星上，用激光束射向目标，使目标上的能源、照像装置和电子仪器等设备丧失工作能力，从而使其失去作用；或用强激光束将目标彻底摧毁。激光武器在太空环境中是很理想的武器之一，它以光速射向目标，瞬间就可把目标化为灰烬。

激光武器击中美国空军空间卫星的假想图

其三，粒子束武器，在截击卫星上装配粒子加速器，用加速器所形成的强大的粒子束，以近似光速射向太空"间谍"，将其击毙。粒子束武器，锋芒未露，一旦研制成功，"敌人"几乎就没有"逃生"的希望。

其四，发射火箭武器击毁目标，在截击卫星上携带火箭武器，射向目标，在目标附近引爆，以大量散弹片或弹丸飞向目标，将之击毁。

此外，还有其他一些手段，如在太空"间谍"运行轨道上，撒一片"砂粒云"或金属碎片等，也可以摧毁目标。

从发展来看，未来反卫星技术发展的重点是定向能反卫星技术，尤其是激光反卫星技术和高功率微波反卫星技术。其中，定向能反卫星技术在2010年前的发展重点将是激光反卫星技术，2010～2020年有可能进一步发展涉及用混沌理论的研究结果来改进的高功率微波反卫星技术。反卫星技术今后总的发展趋势是：①地基与天基、动能与定向能等多种反卫星技术手段相结合，具备根据不同战争级别对各种轨道的卫星进行多种程度打击的能力。②实现灵活的作战效应，具备多种打击方式，包括硬杀伤和软杀伤，具备多种作战效果，包括使目标卫星暂时失灵（可恢复）和永久性摧毁。③发展精确打击能力，只杀伤敌人目标，不伤害自己和友方。④发展按需及时作战能力，适应未来天战需求。

第四节　"遇难者的救星"——救援卫星

1982年10月9日夜晚，"榈佐"号上的3名水手正竭尽全力驾驶着这艘长约 16 米的赛艇，在大西洋楠塔基特岛以东约 555 千米的狂风巨浪中顺着风向挣扎着。他们为了保全性命，顽强地与风浪搏斗。

凌晨，风暴越加凶猛，风速达每小时 70 千米（约每秒 20 米）。上午 9 时左右，“桐佐”号赛艇终于被两个高达 10 米的巨浪打翻。操纵舵轮的格林被翻入水中，他从一根横杆下游出水面，抓住艇舷上的栏杆，爬上了仰面朝天的艇底外壳。格林 38 岁，美国人，另两个水手是 28 岁的美国人古德曼和 22 岁的英国人威廉斯。尽管他们泡在水中，但可以利用赛艇舱作保护，仍显得十分安全。

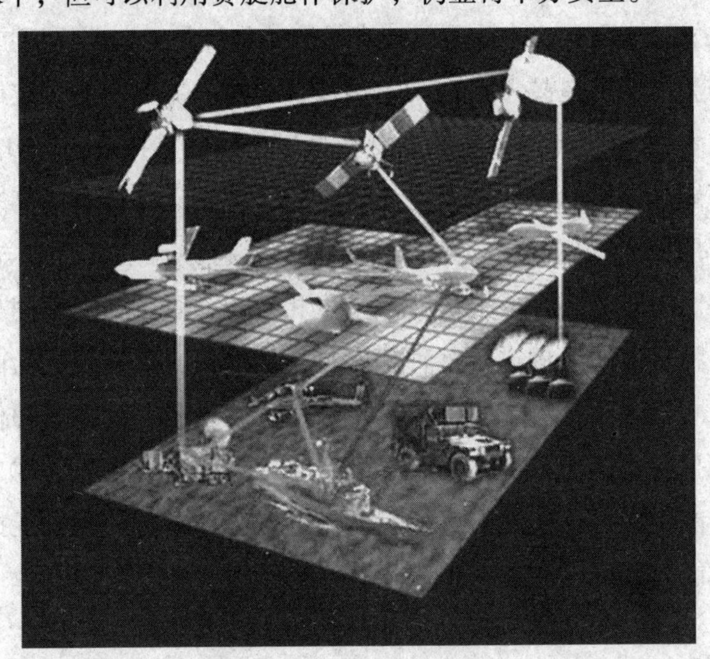

卫星救援

这样，“桐佐”号赛艇就陷入任凭狂风摆布的危险境地。机灵的威廉斯取出无线电发报机，拉出天线，依靠赛艇舱依托，开始发出呼救信号：“SOS”，……

当晚10时，美国海岸护卫队纽约营救中心的值班军官收到了从联邦航空管理局海洋交通控制中心打来的电话，说环球航空公司一架飞往里斯本的夜航班机的机组人员，收到了"桐佐"号赛艇发出的很微弱的无线电示位呼救信号。

值班军官把这架班机发现呼救信号时飞行的位置记录了下来，但他知道，遇难船只的位置至少偏离班机160千米。在如此浩瀚的海面上搜寻一个小小的目标，至少要花上好几天的功夫。他认为，要尽快测定出遇难船只的精确方位，最好的方法是借助苏联的救援卫星"宇宙1383号"。然后，这位值班军官给伊利诺斯州斯科特空军基地的飞行中心打了一个电话，要求他们利用"宇宙1383号"卫星，提供一份精确位置报告。

傍晚，"宇宙1383号"救援卫星在大西洋约1000千米高的高空接收到了无线电呼救信号，并把它转送到了斯科特空军基地。通过计算机，测算出呼救信号源所在位置。

第二天早晨6时55分，美国海岸护卫队调遣了一架远程飞机，前往预定的地点进行侦察，飞行员很快就发现了被暴风推翻的赛艇。为了看得更清晰，这架飞机急速地逼近目标，相距150米时，飞行员忽然发现从艇壳上的一个破洞中，伸出的两个脑袋向周围张望。同时，清晰的无线电示位呼救信号传入了飞行员的耳机里。

"找到了！"一位飞行员兴奋地大叫起来，"宇宙1383号"竟然能把目标缩小在18千米的范围之内，"真是太好了！"

当天下午，美国海岸护卫队的一艘在执行巡逻任务的快艇，应召飞快地赶到了出事现场，用绳索把"桐佐"号上的3名水手营救了出来。

3名遇难水手清醒过来之后，他们才知道，他们多幸运！他们是由太空救援卫星营救出来的船舶遇难的第一批幸存者。

在此之前，1982 年 9 月 9 日，一架载有 3 人的小型飞机由东南方向飞经加拿大迪斯莱克和道森克里克之间的山峦起伏、丛林茂密的地带时突然失事。

另一架担负搜寻任务的飞机，在预定的航线上飞行了数百千米，结果一无所获，连任何线索也未发现。

根据维多利亚营救中心的建议，在渥太华的卫星营救系统的计算机迅速运行起来。不久，“宇宙 1383 号”卫星便转送来一种微弱的无线电呼救信号，并马上查出了该机失事的方位。原来，它坠落在斯蒂金山区域内。

搜寻人员飞往那里后，果然监听到了该机的定位呼救信号。搜寻飞机在失事地点上空盘旋，发现了在高耸入云的松林中有一个红色的帐篷。伞兵军医立即跳伞，出乎意料，失事飞机上的 3 名机组人员都幸存着，只不过伤势严重。

这就是利用卫星成功地发现和救援了加拿大空难者，首创卫星营救遇难者的纪录。

自 1982 年 6 月 30 日世界第一颗救援卫星“宇宙 1383 号”被送入轨道以来，迄今在天上运行的救遥远卫星有 4 颗，另外，还在苏联、美国、加拿大、英国、法国和挪威等国设立 11 个地面接收站，形成了一个国际卫星营救系统。

卫星营救系统能在 4 小时内，把地球上每一个角落搜索一遍。救援卫星上设有国际统一规定频率的无线电接收机，它始终打开着。当飞机或船舶失事时，飞机或船舶上专门设置的与救援卫星具有相同频率的无线电就会发生报警信号，然后，救援卫星立即用专门的频率将失事者的地理位置通知最近的地面接收站，接收站再把有关

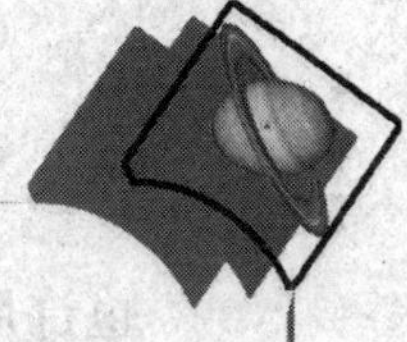

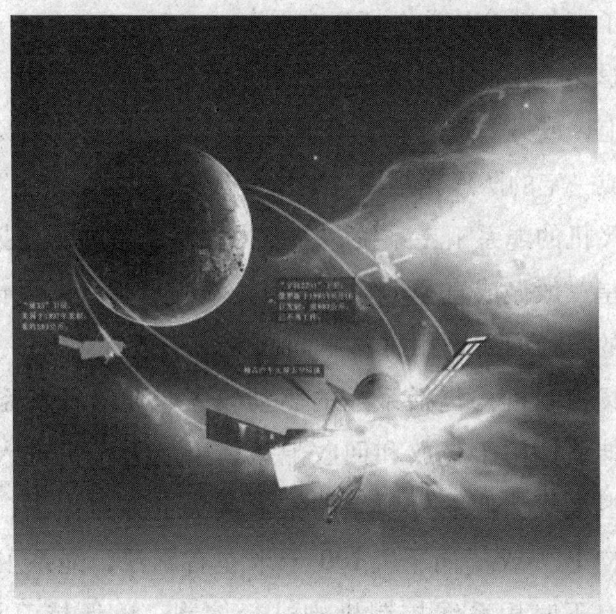

救援卫星

数据转发给国际卫星营救系统的地面中心站，中心站接着便向出事地点的国家和地区发出救援通知。整个救援过程迅速、准确，成为目前最先进的营救手段。

人们可以相信，在不久的将来，海员或飞行员不论在地球哪一个角落遭遇到危险，都将得到卫星营救系统的帮助，使他们转危为安。

第五节　在太空放“风筝”——绳系卫星

像放风筝一样放卫星！像捕鱼一样捕捉太空的微尘或垃圾！这听起来似乎有点科幻，然而科学家在绳系卫星编队等方面的研究，也许用不了多久就会让这一切变成现实。

顾名思义，绳系卫星就是由绳索系着的卫星，它由一根绳索拴在航天器上，或另一颗卫星上。如果是几颗卫星间用特殊的绳子系起来，构成一定的队形就是绳系卫星编队飞行。

航天飞机的绳系卫星系统，主要由卫星、系绳、卷扬控制机构组成。卫星一般做成直径1.5米，重约500千克，系绳长100多千米，系绳的直径因所采用材料不同而异，一般在1.65~2.60毫米之间。卷扬控制机构包括系绳的驱动装置、伸缩杆和系绳控制装置。其中伸缩杆用于释放和回收卫星，当航天飞机进入地球轨道后，绳系卫星便从伸缩杆项端的锥形接头上弹射出去，把绳系卫星送至“向上”或“向下”100千米左右飘浮，绳系卫星到了预定高度后，不时用系绳控制机构进行控制，以保持卫星的稳定。飞行任务完成后，绳系卫星的有效载荷可回收到航天飞机的轨道器里，下次再用。

第一颗绳系卫星由意大利航天局研制，它呈球形，直径1.6米，重518千克，载有70千克重的科学仪器，用航天飞机来释放绳系卫星，可以拖在航天飞机后面，让其与航天飞机在同一高度上飞行；也可以让它像风筝那样，在航天飞机上方（卫星上配有小型喷气推力器，可把卫星推上较高的空间）高高运行；还可以让其挂在航天飞机的下方，像热气球下的挂篮般运行。

人们为什么要释放绳系卫星呢？因为绳系卫星不仅有收放方便的优势，而且还能完成一些特殊的任务。

绳系卫星在研究地球大气方面具有独特的优点。利用绳系卫星系统可以把探测仪器带到地球大气的热层或散逸层（高度离地面50~85千米）进行直接的探测。目前，人们对100千米以下近地空

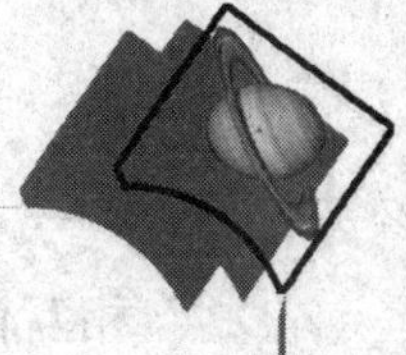

绳系卫星

间环境的探测手段很有限，特别是探测高层大气，使用飞机飞不到这个高度，利用人造地球卫星又达不到这个低度，大气使卫星不能较长时间在这样低的轨道上运行，只能采用探空火箭，可惜它穿过路径只是“一线天”，探测时间仅有几分钟。绳系卫星弥补了上述不足，而且是其他探测手段所无法比拟的。因为绳系卫星可以把多个探测仪器像穿糖葫芦似的沿着系绳结好，这样不就可以同时测得不同高度近地空间环境的各种参数了吗？显然，这些参数对于研究近地空间环境，了解低层大气和高层等离子体间的相互作用，研究太阳活动怎样通过中、高层大气影响地面天气、气候等问题，都具有重要意义。

空间等离子体的研究是科学家们十分关心的课题，绳系卫星是研究空间等离子体的重要工具。如果系绳是由导电材料制成，系绳本身就是一种很好的探测器，因为通过它与电离层的磁离子介质的相互作用，就可以获得许多信息。如果人们不断地改变系绳的方向，那么，也就会引起空间磁场的变化，这样就可以了解到空间等离子体的特性。

绳系卫星也是收集 2 微米以下宇宙尘埃粒子最理想的手段。收集宇宙尘埃粒子，分析其化学特性，可以揭示天体演化过程。现在，人们用飞机和气球收集宇宙尘埃粒子，但易受火山喷出的尘埃、烟雾、飞机的燃气、风化后的细沙土影响，相互混杂，真假难分。收集小于 2 微米的宇宙尘埃粒子的理想高度是在地球表面 120 千米左右，如果从航天飞机上把装有宇宙尘埃粒子收集器的绳系卫星沉入距地面 120 千米的高度，就可得心应手地进行收集足够多的宇宙尘埃粒子样品。

绳系卫星系统在工程技术应用上也大有作为，如为航天飞机或航天站提供电源等。大家知道地球是一个大磁场。当航天飞机携带着绳系卫星在空中飞行时，由导电材料制成的绳系卫星的系绳，在绕地球运动时切割地球磁力线，它就成为一台发电机，可以向绳系卫星和牵引它的航天器供电。在这种情况下，据研究，每 1 千米长的系绳，可产生 200 伏左右的电压，若系绳为 50 千米长，则可产生 7.4 千伏的电压，5 安培的电流，32 千瓦的功率。因此，若用它来为空间的各种航天器供电，要比目前广泛采用的太阳能电池板来得简单且经济。

1992 和 1996 年，意大利研制的绳系卫星，两次由美国航天飞机携带，在太空进行试验。第一次由于绳索缠绕，只释放到 250 米，为原计划 20 千米的 1/78，但它产生了 40 伏特的电压及 1.5 毫安的电流，第二次释放到 19.3 千米，产生了 3000 伏特电压，可惜这时绳索断裂，绳系卫星丢失。

理论计算为：航天飞机在赤道上空圆型轨道由西向东飞，速度为7.5千米/秒。地磁场在航天飞机轨道处的磁感应强度$B=0.50\times10^{-4}$特，从航天飞机上发射出的一颗卫星，携带一根长$L=20$千米的金属悬绳与航天飞机相连，航天飞机和卫星间的这条悬绳方向沿地球径向并指向地心，悬绳电阻约$r=800$欧姆由绝缘层包裹。计算结果在绳上产生的电流强度应约为3安培，航天飞机中获得的电功率应约为1.53×10^{4}瓦。这两次试验虽出师不利，但已证明：太空发电的设想是可行的，在人类的不懈努力下，太空发电的设想将会成为现实。

绳系卫星系统可当作发射设备，向更高的轨道发射卫星。从物理学中的动量矩转移原理知道，由两个质量组成的航天绳系系统，作为一个整体运行在一个轨道上，一旦连接两个质量的系绳断开，高者（离地面远者）就会飞入更高的轨道，低者（离地面近者）则进入更低轨道。例如，从航天飞机上用系绳向地球轨道部署太空望远镜，望远镜位于更高的轨道，解脱系绳后，望远镜就会送入更高的轨道，而航天飞机则自动进入稍低的轨道，不用动力系统的推进，就可以把望远镜送到更高的地球轨道。这又是一种有趣而又省燃料的"发射"方式。

此外，绳系卫星非常有利于进行空间环境方面的科学实验，我们可以像放风筝一样释放回收，重复利用。如果某颗卫星出现故障，我们也可以从空间站释放出一个绳系机械手，进行卫星修复，修复后再将它推到既定的轨道上。这种自如的收放减少了太空垃圾的产生。

总之，绳系卫星作为一种开拓太空研究和探索的手段，必将日益受到人们的重视。

第六节　小块头有大智慧——现代小卫星

目前，世界上的人造地球卫星正朝着越来越大和越来越小的两个方向发展，即一方面研制综合型高功率的大型卫星，另一方面研制重量轻微型化的小型卫星。人们往往对大卫星比较关注，殊不知小卫星虽然块头小，但却有大智慧。为了与以前的小型卫星相区别，习惯上称目前研制的小卫星为现代小卫星。

现代小卫星有多种，其分类方法没有公认标准。英国萨瑞卫星技术中心的提法目前比较被人们认可。他们是以卫星的重量大小划分的：卫星重量在500千克以下，造价从几十万至上千万美元的卫星为小卫星。它又分了4个等级：500～100千克的为小型卫星；100～10千克的为微型卫星；10～1千克的为纳米卫星；而小于1千克的为芯片卫星。2000年1月26日美国就率先发射了芯片卫星。

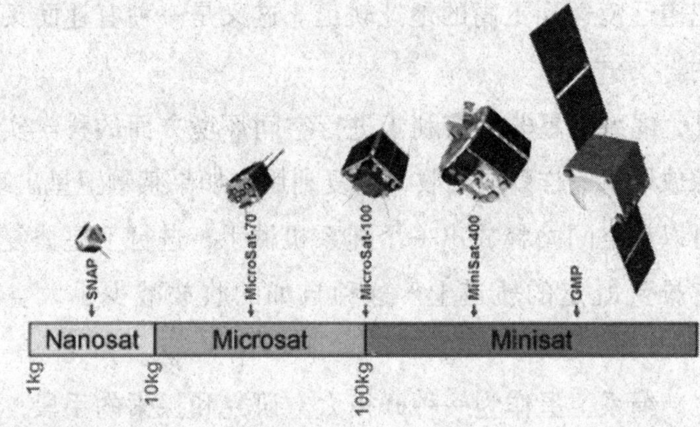

小型10千克的卫星称为微纳卫星

现代化小卫星的发展已经历了2个阶段：第一阶段是从20世纪80年代中期至90年代初期，称为探索研究阶段，主要取得了采用微电子学、高速计算机等方面的经验，扩大了小型卫星的应用范围；第二阶段是从20世纪90年代初期到90年代末期，成为发展应用并初步形成规模阶段，主要是采用了高新技术成果，成为名副其实的性能高、成本低、研制周期短的现代化小型卫星。21世纪初，现代小卫星进入第三阶段，主要是大量采用最新科技成果、全新设计概念和先进的管理方式，实现现代小卫星的快速发展，科学高效的管理机制，包括矩阵式管理模式。

随着航天技术的不断发展，小卫星引起各国的普遍重视，这是为什么呢？

在民用方面，小卫星可以应用在通信、对地观测、空间遥感、气象观测、海洋探测、科学研究等各个领域。其中利用小卫星进行移动通信已成为当今发展的热点，"铱星"和"全球星"就是典型例子。而小卫星在军事上的应用已在海湾战争、"沙漠之狐"以及科索沃事件中得到了充分的体现。美国早在1991年就提出研制小型军用遥感卫星，卫星上携带多光谱成像仪，支持导弹防御任务。1994年发射的用于弹道导弹防御目的的小卫星能对导弹的发射进行红外探测和跟踪。

在现代小卫星的发展中，走在前面的当数美国。美国航宇局和军方都非常重视小卫星的发展。他们提出了低轨道移动通信卫星的设想，并且正在开发一系列有关的新技术，如自主控制、微型遥感器和采用电推进方式的微推进系统。他们还在研制10千克级的空间探测卫星，用一枚火箭就可发射100颗这种卫星，把它们分布在不同轨道高度上组成磁层星座，从而能同时测量地球磁层和等离子体

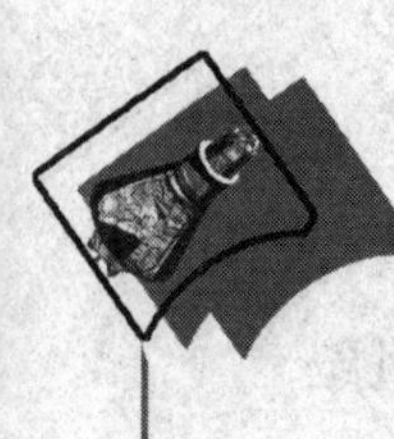

小卫星可用于气象拍摄和地面侦测

的相互作用。1999 年 9 月 24 日，美国成功发射了空间成像公司具有 1 米分辨率的“艾科诺斯”卫星，标志着小型数据传输型高分辨率遥感卫星正式进入商业应用领域。

欧洲的小卫星计划也非常活跃。他们的小卫星主要应用于海洋监测，对全球的海洋地貌进行长期的测量。其小型科学卫星用于研究恒星内部的结构，以及探测太阳系以外的行星。用于星际探测、对地观测、侦察、气象研究的小卫星也在发展之中。法国于 1995 年和 1999 年先后发射了重 50 千克的 Cerise 和 Clementine 微小型电子侦察卫星，并计划在近年发射重 90 千克的 Proba 微小卫星。英国萨瑞卫星技术中心于 1999 年 4 月发射了 Uosat－12 小卫星，并将在 2000

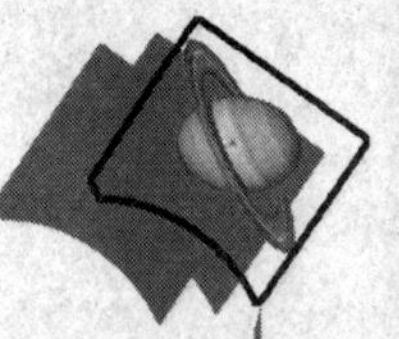

年发射数颗此类卫星。

日本现准备发展50千克左右的小卫星，主要应用于通信、空间观测和测量、地球观测和通信，以及深空探测等方面。

1994年2月8日，我国成功发射了“实践4号”卫星。该星是高性能的小型科学卫星，使我国首次获得了海拔200～36000千米之间的空间环境参数和高能粒子效应资料。

1999年5月10日升空的“实践5号”是我国第一颗采用公用平台思想设计的小型科学试验卫星，其性能达到国际水平。

2000年6月28日，由中国航天科工集团公司、清华大学、英国萨瑞大学合作研制的“航天清华1号”微型卫星，用俄罗斯的“宇宙-3M”运载火箭从普列谢茨克航天发射场发射升空，该卫星是我国参与研制的首颗微型卫星。

2003年10月21日，中国科学院研制的首颗微型卫星“创新1号”发射升空。卫星重88.8千克，装有处理转发器和收发天线等有效载荷，可在交通运输、环境保护、防汛抗旱等数据信息传递中发挥重要作用。

2004年4月18日，“试验卫星1号”和“纳星1号”一块发射升空。前者重204千克，是我国第一颗传输型立体测绘微型卫星，主要用于国土资源摄影测量、地理环境监测和测图科学试验。后者重量不到30千克，是当时在轨运行最小的轮控三轴稳定卫星，主要用于微型卫星轨道保持与变轨试验、CMOS相机对地成像试验、卫星程序上载与软件试验，以及数据传输、遥感摄影、姿态控制等试验。该星完成了规定的任务，标志着我国已成为进入这一领域的少数国家之一。

2008年9月，中国的“神七”在太空第一次通过伴星（小卫星）拍摄了宇宙飞船的外景。

“神七”首次使用小卫星（伴星）对自身进行拍摄

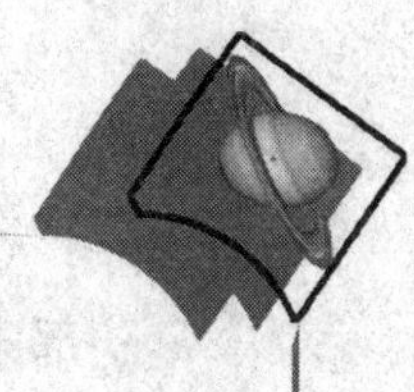

第八章　太空辉映中国"星"

【篇章页导语】

1970年4月24日"长征1号"运载火箭将"东方红1号"卫星发射升空，从此，茫茫太空开始有了中国"星"的身影。继"东方红1号"之后，我国相继发射了"实践"系列卫星、返回式系列遥感卫星、"东方红"系列通信卫星、"风云"系列气象卫星、"资源"系列资源卫星、"北斗"系列导航卫星、"海洋"系列海洋卫星、"探测"系列科学卫星等卫星。中华群星遨游太空，辉映华夏大好河山，分外壮丽。

第一节　我国第一颗卫星的诞生

1956年10月18日，我国第一个导弹研究机构，即国防部第五研究院正式成立，由刚从美国回来不久的著名火箭专家钱学森任院长。研究院把研制导弹和火箭技术作为我国高科技的一个主攻方向。1958年，在苏联专家帮助下，我国一方面开始进行导弹研制基地和发射场的建设，一方面开始仿制苏联P－2近程地地导弹。仿制工作的开展，加速了我国掌握导弹、火箭技术的步伐。

1960年前后，从全国各学校挑选的几千名大中专毕业生充实国防部第五研究院，技术队伍得到迅速扩大。但是，当我国仿制 P-2 导弹工作进入最后阶段时，苏联撤走全部专家。这一突然行动，给我国导弹仿制工作造成了相当大的困难，但也从反面激发了我国导弹研制人员自力更生、发愤图强的精神。1960 年 11 月 5 日，用国产燃料成功地发射了第一枚仿制的导弹，于是中国有了自己的近程导弹。1964 年 6 月 29 日，我国第一个自行设计的中近程火箭发射获得成功，揭开了我国导弹、火箭发展历史上新的一页。

1958 年 5 月 17 日，毛泽东在党的八大二次会议上，发出了“我们也要搞人造卫星”的号召。1963 年，中国科学院成立了星际航行委员会，负责制定星际航行发展规划。1964 年 11 月，在国防部第一研究院一分院的基础上组建运载火箭研究院。这时，我国研究人造卫星及其运载火箭的条件已经成熟。

1965 年 1 月，钱学森上书中央提出，自苏联 1957 年 10 月 4 日发射第一颗人造卫星以来，中国科学院和国防部五院对这些新技术都有过研究，现在看来，研制弹道火箭已有一定基础，进一步发展中远程火箭，即能发射一定重量的卫星，计划中的远程火箭无疑也有发射人造卫星的能力。

1965 年 4 月，国防科委提出了 1970 ~ 1971 年期间发射我国第一颗人造卫星的设想。卫星本体由中国科学院负责研制，运载火箭由当时国防部五院转成第七机械工业部负责研制。地面观测、跟踪、遥控系统以科学院为主，第四机械工业部配合研制。搞人造卫星采取“由易到难、由低到高、循序渐进逐步发展”的方针。

1965 年 9 月，中国科学院开始组建人造卫星设计院，正式实施我国第一颗人造卫星工程研制计划。确定卫星起点要高，在技术上要做到比苏、美第一颗卫星先进。卫星入轨后要抓得住、测得准、预报及时。为保证第一颗卫星发射成功，在全国疆域内建立相应的观测网、信息传递系统和计算机控制中心。

1966年，我国第一颗人造卫星被命名为"东方红1号"；运载火箭命名为"长征1号"，采用两级液体燃料火箭加第三级固体燃料火箭发动机组成，计划在1970年发射。这时"文革"风暴已经起来，为了把"文革"的干扰和影响减至最小，同时也为了把分散在各部门的空间研究机构集中起来，形成拳头，实行统一领导，1968年2月20日，中国空间技术研究院成立，钱学森兼任院长，列入军队编制，由国防科委直接领导。

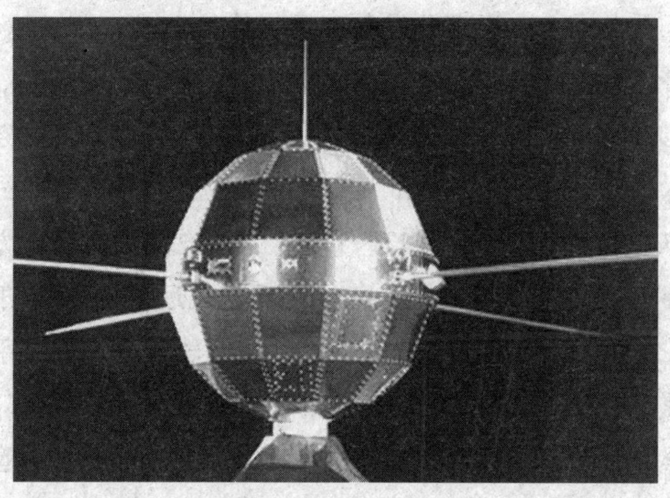

"东方红1号"

1970年1月30日，中远程火箭飞行试验成功，我国的多级火箭技术取得突破，为发射"长征1号"火箭奠定了基础；另外，早在1967年第一个卫星发射工程已经完工。1970年4月2日，周恩来召集会议听取"东方红1号"卫星和"长征1号"火箭情况汇报。4月23日毛泽东亲自批准发射第一颗人造地球卫星。

1970年4月24日。在我国西北酒泉卫星发射场上，气氛紧张而热烈。天空也没有西北地区春天常刮的大风——用航天人的话说，这是一个发射卫星的好“窗口”。在这之前，装载着两颗“东方红 1 号”卫星和一枚“长征 1 号”运载火箭的列车到达了发射场。

上午，紧张而有序的卫星发射准备工作开始。首先，给“长征 1 号”的一、二级加注推进剂。随后，进入了发射前的 8 小时准备。

晚上 9 点刚过，云层渐渐散开，星星露出来了。发射场区万籁俱寂。“1 分钟准备!”“牵动!”“开拍!”“点火!”操作人员有力地按下了按钮。“长征 1 号”在一片隆隆的吼声中拔地升起。它的尾部喷出了橘红色的火焰，巨大的气流将发射架底部导流槽中的冰块吹出去四五百米远。火箭离开发射架后，徐徐上升，然后越飞越快，直冲云霄。9 点 48 分，卫星观察站报告，星箭分离，卫星入轨。

“东方红 1 号”由“长征 1 号”运载火箭发射，其任务是进行卫星技术试验，探测电离层和大气密度。卫星外形是直径约 1 米的近拟球体的多面体，质量为 173 千克，采用自旋姿态稳定方式，转速为 120 转/分。它工作在近地点 439 千米、远地点 2384 千米、倾角 68.05 度和运行周期 114 分钟的近地椭圆轨道上。该星用银锌电池作电源，用被动式热控制。装载的主要有效载荷有：2.5 瓦的 20 兆赫频率发射机、100 毫瓦的 200 兆赫频率发射机、遥测装置、乐音发生器、雷达应答机、雷达信标机、科学实验仪器和工程参数测量传感器等。其顶部装有超短波鞭状天线，腰部装有短波交叉振子天线和微波雷达天线。“东方红 1 号”以 20 兆赫频率发射《东方红》乐音，并测量了卫星工程参数、空间环境数据，还进行了轨道测量控制。

“东方红 1 号”卫星的升空，揭开了我国航天活动的序幕，宣告我国也进入了航天时代。

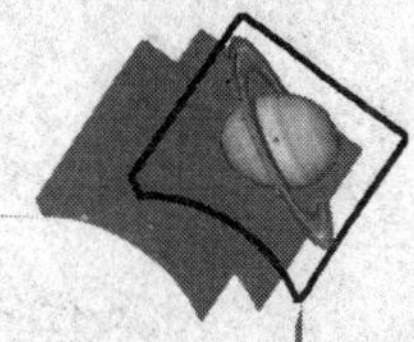

【小链接】

我国四大卫星发射基地

◆酒泉卫星发射基地

中国北方戈壁沙漠内的甘肃酒泉卫星发射基地位于酒泉市东北210千米处的巴丹吉林沙漠深处，建于1958年，是规模最大的卫星发射中心，也是各种型号运载火箭和探空气象火箭的综合发射场，拥有完整、可靠的发射设施，能发射较大倾角的中、低轨道卫星。中心自1958年创建以来，曾为中国航天事业的发展创造过骄人的“八个第一”：1970年4月21日，中国的第一颗人造地球卫星在这里升起；1975年11月26日，第一颗返回式人造地球卫星在这里升空；1980年5月18日，第一枚远程运载火箭在这里飞向太平洋预定领空；1981年9月20日，第一次用1枚火箭将3颗卫星送上太空……至今，酒泉卫星发射中心已成功地发射了21颗科学试验卫星，其中，这里发射的8颗可收回卫星，成功率达100%。

◆西昌卫星发射中心

四川省西南的西昌卫星发射中心始建于1970年，于1982年交付使用，自1984年1月发射我国第一颗通信卫星以来，已发射国内外卫星28次。主要担负广播、通信和气象等地球同步轨道（GTO）卫星发射的组织指挥、测试发射、主动段测量、安全控制、数据处理、信息传递、气象保障、残骸回收、试验技术研究等任务。发射场位置为东经102度、北纬28.2度。2007年，中国探月计划首颗绕月探测卫星“嫦娥一号”，在西昌卫星发射中心发射升空，执行绕月飞行任务。

◆太原卫星发射中心

中国北方的山西太原卫星发射中心是中国试验卫星、应用卫星和运载火箭发射试验基地之一。它位于山西省太原市西北的高原地区，具备了多射向、多轨道、远射程和高精度测量的能力，担负太阳同步轨道气象、资源、通信等多种型号的中、低轨道卫星和运载火箭的发射任务。发射中心始建于1967年。1968年12月18日，中国自己设计制造的第一枚中程运载火箭发射成功。到1988年该中心共成功发射了70多枚包括中近程、中远程、远程等各种类型的运载火箭。1988年9月7日和1990年9月3日，该中心用“长征4号”运载火箭成功地将中国第一颗和第二颗“风云1号”气象卫星送入太阳同步轨道。此外，它还进行过一系列运载火箭试验。1997年12月8日，该中心第一次执行国际商业发射，成功地将美国摩托罗拉公司制造的两颗“铱星”送入预定轨道。到1999年共为外国公司成功发射了10颗“铱星”。1999年5月10日，该中心用“长征4号乙”运载火箭成功地将“风云1号”气象卫星和“实践5号”科学实验卫星送入轨道高度为870千米的太阳同步轨道。这是该中心连续第七次成功地以一箭双星方式进行的航天发射。

◆文昌卫星发射基地

中国南方热带的海南文昌卫星发射基地将是中国继酒泉、西昌和太原卫星发射中心之后，建设的第四个卫星发射基地。文昌卫星发射基地占地约20平方千米，将包括一个火箭装配厂、一个指挥中心和一个“太空主题科学公园”。中国工程院院士、运载火箭专家龙乐豪指出，中国新的航天发射中心选址海南，最明显的一个优势就是地理区位优势。纬度越低的发射场，地球离心力越大，发射有效载荷的成本越低。将中国的航天发射场从北方高纬度的内陆地区"搬"到南方低纬度的沿海地区，1988～1991年间，中国已利用海南发射了一系列小型火箭。新一代运载火箭最早可望在2010年进入发射市场。

虽然中国过去在四川、甘肃和山西各有一个卫星发射场，但是这三个发射场都有不利之处。中国酒泉、西昌、太原三个内陆发射基地受到铁路运输条件的限制，火箭直径不能超过3.35米。一是它们都处在高轨道上，发射卫星的火箭动力不如低轨道强；二是由于中国现在的运载火箭越做越大，在内地很多的桥梁涵洞都没法通过，运输不便；三是万一发射出现故障，内地人口密度高，火箭下落会使当地居民受伤。在海南建立卫星发射基地就能避免以上问题，可用海运这种不受体积限制的方式，地处低纬度的海南还可增强火箭有效发射能力，广袤的南海也可成为火箭残骸安全的坠落区。中国在海南建立新的卫星发射场，中国的"长征"系列火箭以及将来的新大推力火箭，推力将可提升10%。

第二节 中华群"星"耀太空

从1970年我国发射第一颗人造地球卫星至今，我国已相继发射了"实践"系列卫星、返回式系列遥感卫星、"东方红"系列通信卫星、"风云"系列气象卫星、"资源"系列资源卫星、"北斗"系列导航卫星、"海洋"系列海洋卫星、"探测"系列科学卫星等卫星。

1971年3月3日，即在第一颗卫星发射成功一年之后，我国又成功地发射了第二颗卫星——“实践 1 号”。这是一颗科学实验卫星。卫星重量为 221 千克。它在太空工作时间长达 8 年多，1979 年 6 月 17 日陨落，大大超过原设计指标。这在六七十年代国外研制的卫星中是不多见的。1979 年 11 月 26 日，我国成功地发射并回收了第一颗返回式遥感卫星，成为世界上第三个掌握卫星回收技术的国家。

返回式遥感卫星是中国应用卫星家族中数量最多的一种，它的主要任务是获取地面图像，这些图像在航天遥感、科学实验、国民经济及国防建设等很多方面都发挥了重要的作用。我国于 1975 年 11 月 26 日成功发射了我国第一颗返回式科学与技术试验卫星，至 2006 年，共发射了 23 颗返回式卫星，成功回收 22 颗。返回式卫星是中国航天实施的最为成功的计划之一。

1977 年夏，我国提出了“一箭多星”的设想。1981 年 9 月 20 日清晨 5 时 28 分 40 秒，“风暴 1 号”运载火箭携带着“实践 2 号”、

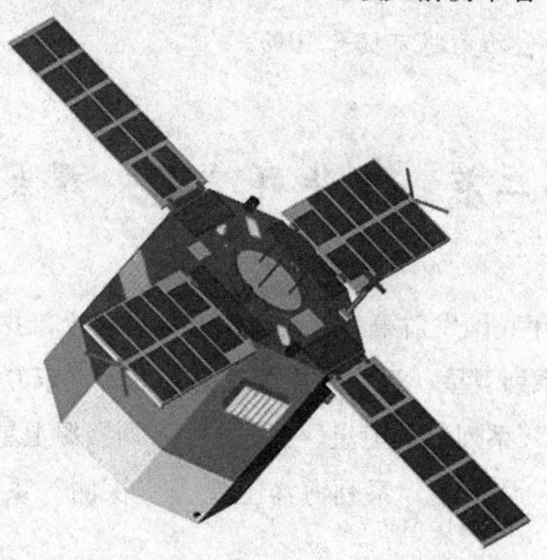

“实践 2 号”

“实践 2 号甲”、“实践 2 号乙” 3 颗卫星起飞，7 秒钟后朝东南方向拐弯，3 分钟后从视野中消失。7 分 20 秒，“实践 2 号甲”和“实践 2 号乙”与运载火箭分离。再过 3 秒钟，“实践 2 号”分离，3 颗卫星顺利地进入与预定轨道十分吻合的轨道。一箭三星的发射成功，表明我国航天技术又向前跨进了一步。

1984 年 4 月 8 日，我国成功地发射了第一颗地球同步实验通信卫星——“东方红 2 号”，成为世界上第五个能独立研制、发射和应用地球同步卫星的国家。4 月 16 日，即发射后的第 8 天，实验通信卫星成功地定点在东经 125 度赤道上空，表明我国卫星测控技术达到了相当高的水平。卫星定点后，各地面通信台站同卫星成功地进

东方红二号

行了通信、广播、电视传输实验。实验表明，卫星转播图象清晰、色彩鲜艳，音质也很好。实验通信卫星的研制和发射，其规模之大、技术之复杂、组织之严密，在我国航天史上是空前的，标志着我国航天技术有了新的飞跃。

1988 年 9 月 7 日和 1990 年 9 月 3 日，我国成功地发射了两颗“风云 1 号”气象卫星，完善了我国及周围地区的卫星气象应用系统，并逐步从实验应用阶段走向成熟应用阶段。这是两颗经过极地的太阳同步轨道卫星，它得到了国际同行的高度评价。在“风云 1 号”的基础上，科技工作者们又自行研制了中国的第一颗静止轨道气象卫星“风云 2 号”，于 1997 年 12 月 1 日正式交付用户进行业务使用。

“风云 1 号”

进入 90 年代，中国的科技工作者继续发扬自力更生的精神，不断对卫星进行改进，加紧新型号研制工作的同时，注重国际间的交流与合作，以及卫星系统在国民经济领域中的直接应用。1999 年 10 月中国、巴西联合研制的“资源 1 号”卫星发射成功，所接收到的卫星图像资料，广泛应用于农业、林业、水利、矿产、能源、测绘、环保等众多部门。“资源 1 号”卫星的发射成功，不仅填补了中国在资源卫星方面的空白，而且为发展中国家在航天技术领域开展合作提供了范例。

“资源1号”

为了建立中国的“北斗”导航系统，设计人员研制成功了“北斗导航试验卫星1号”，于2000年10月12日首次成功发射。“北斗”卫星综合了传统天文导航定位和地面无线电导航定位的优点，相当于一个设置在太空的无线电导航台，可在任何时间、任何地点为地球上的系统确定其所在的地理经纬度和海拔高度。

2002年5月15日，“海洋1号”卫星A星连同1枚“风云1号”卫星由“长征4号乙”送入轨道，“海洋1号”是中国第一颗从试验阶段转入实际应用的小型卫星。2007年，“海洋1号”卫星B星又成功发射，它们的发射成功并投入使用，结束了我国没有海洋卫星的历史，为海洋生物资源开发利用、沿岸海洋工程、河口港湾治理、海洋环境监测、环境保护等提供重要的信息服务，标志着我国在海洋卫星遥感领域迈入世界先进行列。

2006 年 9 月 9 日，“实践 8 号”返回式卫星成功发射。这是我国第一颗专门服务于农业科技、应用于航天育种的卫星。

2007 年 24 日 18 时 05 分，中国第一颗月球探测卫星“嫦娥 1 号”在西昌卫星发射中心成功升空。18 时 29 分，“嫦娥 1 号”离开托举它的“长征 3 号”甲运载火箭，进入近地点 205 千米、远地点 50930 千米的超地球同步轨道，开始了 100 多万千米的奔月之旅。“嫦娥奔月”，这个在中国流传了千年的传说，终于变为现实。而绕月探测作为探月工程的重要组成部分，是继人造地球卫星和载人航天之后，我国航天事业发展的又一个里程碑。

“嫦娥 1 号”探月卫星发射成功

2008 年 5 月 27 日，我国首颗新一代极轨气象卫星“风云 3 号”在太原卫星发射中心成功发射。目前国际上只有美国、欧洲和中国有极轨气象卫星。“风云 3 号”是世界气象卫星发展新趋势的典型代表。

“风云 3 号”在太原卫星发射中心成功发射

2010年1月17日，西昌卫星发射中心，“长征3号丙”运载火箭，将第三颗北斗导航卫星成功送入太空预定轨道。这标志着中国北斗卫星导航系统工程建设又迈出重要一步。2012年左右，在发射10多颗卫星后，系统将首先具备覆盖亚太地区的定位、导航和授时以及短报文通信服务能力，即解决区域性的问题；2020年左右，发射静止轨道和30颗非静止轨道卫星组网，届时将完全建成覆盖全球的“北斗”卫星导航系统。

21世纪，我国的太空开发将进入全面发展的新时期，而中华群“星”必将在茫茫太空中绽放出更为璀璨的光芒！